발전소 온배수와 해양생태계

- 온배수가 왜 문제인가 -

김 영 환

전파과학사

머 리 말

우리나라의 전력 수요는 최근 10여년 동안 연평균 10% 이상의 증가를 지속하고 있으며, 산업이 고도화되고 생활 수준이 향상될수록 간편하고 깨끗한 에너지로서 전기에너지의 비중이 더욱 증대될 전망이다. 이토록 급격하게 증가하는 전력 수요를 충당하기 위하여 대용량 화력발전소와 원자력발전소가 연안 곳곳에 세워지고 있으며, 이들 발전소에서 주변 해역으로 방출되는 온배수가 우리의 많은 관심을 끌고 있다.

미국과 유럽 등 우리보다 먼저 발전소를 건설한 나라들에서는 이미 20세기 중반부터 발전소 온배수가 수권생태계의 다양한 구성요소에 미치는 영향에 관하여 다각적인 연구가 비롯되었고, 이미 1970년대와 1980년대에는 그 중요성을 인식하면서 온배수 문제가 중요한 환경 문제의 하나로 자리매김하였다.

그렇지만 세계에서 그 유례를 찾기 어려울 정도로 다양한 해양생물을 식용 자원으로 이용하는 우리나라의 경우는 상황이 다소 다르다. 즉 온배수를 다량 방출하는 대용량 발전소가 20세기 후반에 집중적으로 세워졌을 뿐만 아니라 최근까지 그 건설이 계속 증가 추세를 보이고 있는 실정이다. 그런 까닭에 우리나라에서는 외국과 비교하여 볼 때 다소 늦게 발전소 온배수 문제가 세인의 이목을 끌게 되었다. 그러나 발전소라는 특수한 시설의 속성상 연구 인력의 접근이 용이하지 못하고 따라서 온배수가 해양생태계에 미치는 영향에 관한 우리나라의 고유한 자료가 빈약하다 보니, 사회와 일반인의 고조된 관심과는 달리 관련 책자가 거의 전무한 실정이다.

저자는 1977년에 한국원자력연구소에서 원자력발전소를 중심
으로 발전소 온배수가 해양생태계에 미치는 영향을 조사하기 시
작하여 1984년에 근무처를 옮긴 이후에도 현재까지 우리나라 연
안 곳곳에 위치한 발전소 주변의 해양조사에 참여하여 왔다. 이
렇게 발전소 온배수라는 독특한 환경 문제를 다루어 오면서 온
배수와 관련하여 누구나 쉽게 접할 수 있게끔 우리말로 쓰여진
적절한 참고도서가 없다는 사실을 평소 안타깝게 느껴왔다.

책자 발간의 필요성은 오래 전부터 절감하였지만 자신의 무지
와 무능함을 잘 알고 있는 탓에 감히 엄두를 내지 못하다가, 지
난 1997년에 불현듯 온배수 연구를 20년째 수행하고 있다는 사
실을 깨닫게 되었다. 강산이 두 번이나 변하도록 긴 시간을 투자
하고도 변변한 성과를 얻지 못하였음을 통감하고, 더 이상 미룰
수 없겠다는 일념에 본서의 발간을 계획하게 되었다. 강호제현의
질책을 달게 받기로 각오하고 지난 20여년 간 '장님 코끼리 말하
듯' 다루어왔던 온배수 분야를 보다 체계적으로 정리할 의욕으로
시작하였다.

'시작이 반'이라고 하지만 2년여의 기간이 지나도록 원고 정리
작업은 답보 상태를 벗어나지 못하였다. 그러다가 1999년 8월에
어느 Workshop에서 원자력발전소 온배수가 주변 해양생태계에
미치는 영향과 관련한 논문을 발표한 적이 있다. 그런데 내용의
일부가 곡해되어 같은 달 하순에 시중 일간지의 사회면과 사설
에 왜곡된 기사 내용과 저자의 이름이 실리는 웃지 못할 사태가
발생하였다. 바로 이어서 10월에는 한국원자력문화재단에서 저자

에게 온배수에 관한 칼럼의 집필을 간청하기에 어렵사리 짬 내어 써 보내준 온배수에 관한 원고가 뜻밖에도 게재를 거절당하는 어처구니없는 사건을 겪게 되었다.

이는 오로지 우리 사회 전반에 걸쳐 발전소 온배수 문제가 올바르게 인식되어 있지 못하고 있는 현실을 단적으로 반영하는 것이라 판단되었고, 이러한 일련의 사건들이 이 책의 발간에 박차를 가하는 계기가 되었다. 참고삼아 상기 재단에서 발간하는 월간지에 게재를 거절당한 수모를 겪은 문제의 원고 내용이 본서의 맺음말을 마련하는데 골격을 이루었음을 밝혀둔다.

이 책의 체제를 마련하고 내용을 정리함에 있어서 Langford (1990)의 단행본이 큰 도움이 되었으며, 그밖에 외국에서 발간된 관련 분야의 다양한 단행본들과 proceeding들도 폭넓게 참고하였다. 국내의 관련 자료는 수산학회지, 조류학회지 등 전문 학술지에 발표된 자료를 중심으로 하였다. 본문에서 각종 결과를 언급할 때 인용한 자료를 가능한 한 많이 명시하고 그 출처를 참고문헌에 수록함으로써, 누구나 구체적인 내용을 확인할 수 있도록 노력하였다. 물론 이들 외에도 많은 결과가 각종 연구보고서 또는 석·박사 학위논문에 포함되어 있기는 하지만, 극히 일부를 제외하고는 포함시키지 않았다.

이 책에 나오는 전문 용어들의 우리말 표현은 주로 과학기술용어집(한국과학기술한림원, 한국과학기술단체총연합회 편), 생물학용어집(한국생물과학협회 편), 생물학사전(한국생물과학협회 편), 해양학용어집(한국해양학회 편) 등을 참고하였으며, 그밖에 다양한 해양생물학 관련 책자들로부터 용어 또는 생물명에 관한 적절한 우리말을 찾아 인용하였다. 어려운 한자로 된 학술 용어를 가능한 한 쉽게 풀어 쓰자는 저자의 평소 철학에 따라, 원고를 마련함에 있어 시종일관 쉬운 우리말로 표현하고자 애썼음도 덧붙이고 싶다.

물론 이 책은 발전소에서 배출되는 온배수가 주변 해역의 수산업에 미치는 피해 보상과 관련한 지침서로 활용하고자 기획된 책이 아니다. 다만 관련 분야의 다양한 연구 결과를 토대로 국내외의 현황을 투명하게 정리하고 객관적으로 소개하도록 나름대로 노력을 기울였을 따름이다. 이 분야와 관련하여 향후 바람직한 정책을 수립하고 온배수의 실체를 올바르게 이해하는데 이책이 조금이라도 기여할 수 있다면 더 이상 바랄 것이 없겠다.

원고를 탈고하면서 새삼 이 분야의 많은 부분을 공부하게 되었다는 점이 나름대로 큰 소득이었다고 평가하고 싶다. 그럼에도 불구하고 당초의 의욕과는 달리 들여다보면 볼수록 미흡한 부분이 도처에 산재하여 있음을 스스로 인정하지 않을 수 없다. 혹시 앞으로 여건이 허락한다면 본서의 체제를 다듬고 내용을 수정 보완할 예정인 바, 부디 부족한 점에 대한 독자의 날카로운 지적과 친절한 충고를 기대하는 바이다.

2000년 3월
저자 씀

감사의 글

무릇 매사가 그러하듯이 이 한 권의 책이 나오게 되기까지 그간 많은 분들의 도움을 받았기에 이 자리를 빌어 감사의 말씀을 드리고자 한다.

무엇보다도 저자로 하여금 1977년에 한국원자력연구소에서 발전소 온배수와 인연을 맺도록 동기를 부여하여 주시고 연구소에 재직하는 7년 동안 지도와 배려를 아끼지 않으셨음에도 불구하고 그간 변변히 사의를 표할 기회가 없었던 서울대학교의 이인규 교수님과 한국원자력연구소의 이정호 박사님께 충심으로 감사 드린다.

한국전력공사의 많은 분들은 시종일관 저자의 궁금한 점을 해소시켜 주는데 크게 기여하였으며, 특히 전력연구원 환경그룹의 엄희문 부처장, 유광우 박사, 전병열 과장과 강연식 과장 그리고 원자력안전처 원자력환경팀의 홍광표 부장과 최영선 과장은 소중한 각종 자료를 제공하여 주었다. 영광원자력본부의 서원선 부장, 김양식 과장과 성기홍 과장 그리고 월성원자력본부의 홍권표 과장과 서보경 씨는 온배수 이용 양식사업의 제반 자료를 제공하여 주었다.

한국해양연구소의 이순길 박사님과 박철원 박사님은 저자의 저술 작업에 많은 관심과 격려를 아끼지 않았고, 상명대학교의 이진환 교수님은 학회지에 발표된 논문의 그림을 이 책에 수록하는데 쾌히 동의하여 주셨다.

충북대학교 생명과학부 조류학연구실의 많은 학생들이 지난 10여년 간 성가시고 힘든 현장 채집과 실험실 분석 작업을 묵묵히 수행하여 준 덕분에 많은 귀중한 자료를 축적할 수 있었으며, 특히 안중관 군, 신재덕 군 그리고 이수성 군은 까다로운 학술용어들과 참고문헌 그리고 그림 자료 등을 정리함에 있어서 열과 성을 다하여 도와주었다.

저자가 몸담고 있는 충북대학교에서는 1998년의 1년간 본인에게 연구교수의 기회를 부여하여 자료의 정리와 원고 마련에 박차를 가할 수 있도록 계기를 마련해 주었으며, 이 책의 출판을 흔쾌히 허락해 주신 전파과학사 손영일 사장님께 진심으로 감사드린다.

마지막으로 가까운 곳으로부터 바다 건너 멀리에 이르기까지 지난 3년 여의 기간에 걸친 지루한 저술 작업을 이해하고 격려를 아끼지 않은 여러분들에게 진정을 다 바쳐 고마움을 전하며, 자연과 환경을 사랑하고 아끼는 모든 분들에게 이 한 권의 책을 바친다.

차 례

제**1**장

온배수란 무엇인가?

1. 서 언

화력발전소 또는 원자력발전소에서는 발전에 사용된 증기를 물로 응축시켜 재사용하기 위하여 다량의 냉각수를 필요로 하고, 이 과정에서 온도가 상승된 물이 주변으로 방출된다. 이렇게 자연수온보다 높은 온도를 지니면서 주변의 하천이나 호소 또는 바다로 배출되는 냉각수를 온배수(溫排水, thermal effluents 또는 thermal discharges)라 부른다. 그러나 지구의 역사와 인류의 역사를 돌아보면 온배수와 같이 자연적인 물에 열에너지가 유입되는 현상은 결코 새로운 것이 아니다.

장구한 세월에 걸쳐 세계 각지의 온천이나 간헐천에서는 끓는 점에 가까운 온도의 물이 인근의 하천이나 호소로 흘러 들어갔다. 이를테면 세계 각지에서 지열로 말미암아 뜨거운 물이 솟아나는 샘물이 흘러가는 하천에는 수백 미터에 걸쳐 선명한 녹색이나 남색을 띠는 고온성 조류(高溫性藻類, thermophilic algae)들이 바닥을 덮고 있다. 자연적으로 또는 온천으로부터 열에너지가 유입되는 수역에서는 넓은 범위에 걸쳐 온도 체제가 바뀌고, 따라서 특징적인 식물상(植物相, flora)과 동물상(動物相, fauna)이 형성되고 있음을 본다. 최근 우리나라에서도 소형 하천으로 유입되는 온천 배수가 부착조류 군집(정 등, 1999a), 수생식물 군집(길과 유, 1999) 그리고 수질 및 농업환경(정 등, 1999b)에 미치는 영향에 관하여 다양한 연구가 수행되고 있다.

한편 인류의 역사에 있어서 물은 수천 년간 유리 제조, 금속 생산, 증류 등과 같은 각종 제조 과정에서 냉각의 목적으로 사용되었다. 비록 많지 않은 양이나마 인간의 활동으로 데워진 물은 주변의 하천이나 호소로 유입되었다. 그러다가 18세기 중엽에 영국을 중심으로 산업혁명이 시작되면서 냉각과정에 사용되는 물의 양이 급격하게 늘어났다. 철강과 종이 그리고 화학제품과 석유제품을 생산하는 데에는 많은 양의 물이 필요하고, 이들 제품을 제조하는 공업단지가 차츰 커짐에 따라 더욱 많은 양의 유독한 온배수가 주변 수역으로 흘러 들어갔다. 그러나 산업혁명의 초창기에는 온도의 상승이 물에 사는 각종 생물의 분포와 생장에 미치는 영향, 그리고 나아가서 인류의 복지에 미치는 효과에 대하여는 무관심하였다.

18세기와 19세기에 광산용 펌프와 공장의 기계를 작동한 증기기관은 엔진 연못(engine pond)이라 부르는 작은 연못을 이용하였다. 이 연못으로부터 냉각수를 취하여 증기기관을 돌리고, 여기서 데워진 물을 연못으로 돌려보냈다. 이들 연못의 일부에서 별난 달팽이가 자라고 있음을 박물학자들이 처음으로 찾아내었는데, 이 발견은 아마도 온배수의 생물학적 영향에 관한 첫 번째 기록일 것이다. 이렇게 밝혀진 몇 외래종(外來種, exotic species)들은 탐험가나 수입상을 통하여 식물원이나 거대한 저택의 정원에 옮겨진 외래식물과 함께 들어온 다음에 사람이나 다른 동물에 의하여 널리 퍼져서 따뜻한 연못이나 공장으로부터 데워진 물이 흘러 들어오는 부근의 수로에 보금자리를 잡게 된 것으로 판단된다.

증기로 터빈을 돌려서 전기를 생산하는 발전소가 개발되고 늘어감에 따라 과학자와 자연보호론자들은 대규모 오염원의 가능성을 지닌 폐열(廢熱, waste heat)을 차츰 주목하게 되었다. 미국과 영국에서는 1882년에 소규모 발전소가 문을 열었고, 1880년대 말에는 여러 나라에서 전기회사가 번창하기 시작하였다. 이렇게 비롯된 발전소의 덕택으로 산업은 급속도로 성장하게 되었다. 영국의 경우 1892년부터 1902년에 이르는 10년의 기간 동안 발전소의 설비용량은 10배로 증가하였고, 이후의 50년간에는 300배 가량 증가하였다.

1930년대까지 전세계 대부분의 공업국가에서는 화력발전소에서 증기를 만들고 식히거나 수력발전소에서 직접 터빈을 돌리는 발전산업이 물을 가장 많이 이용하는 산업이었다. 물론 세계 각국의 수력발전소와 화력발전소의 비율과 각각의 증가율은 각 나라마다의 지형, 강수량, 이용 가능한 토지와 연료에 따라 다르지만, 전력 수요가 증가함에 따라 대부분의 국가에서 수력발전이 낮은 비율을 유지하더라도 화력발전의 비율은 괄목할만한 증가를 보였다.

이러한 전력생산의 증가는 금세기 내내 지속되어, 전세계의 최

표 1-1. 우리나라 1인당 GNP, 1차 에너지 및 전력소비량 추이

연 도	1인당 GNP (US $)	1 차 에 너 지		전 력	
		총소비량 (천 TOE)	1인당 소비량 (TOE/인)	총소비량 (GWh)	1인당 소비량 (kWh/인)
1980	1,597	43,911	1.15	32,734	859
1981	1,741	45,718	1.18	35,424	915
1982	1,834	45,625	1.16	37,880	963
1983	2,014	49,420	1.24	42,620	1,068
1984	2,187	53,382	1.32	47,051	1,164
1985	2,242	56,296	1.38	50,732	1,243
1986	2,568	61,462	1.49	56,310	1,367
1987	3,218	67,878	1.63	64,169	1,543
1988	4,295	75,351	1.80	74,318	1,771
1989	5,210	81,659	1.93	82,192	1,939
1990	5,883	93,192	2.17	94,383	2,202
1991	6,757	103,622	2.39	104,374	2,412
1992	6,988	116,010	2.66	115,244	2,639
1993	7,484	126,879	2.88	127,734	2,899
1994	8,467	137,235	3.09	146,540	3,297
1995	10,037	150,437	3.35	163,270	3,640
1996	10,548	165,209	3.63	182,470	4,006

(자료 : '97 에너지 통계연보, 에너지경제연구원(한국전력공사 홈페이지))

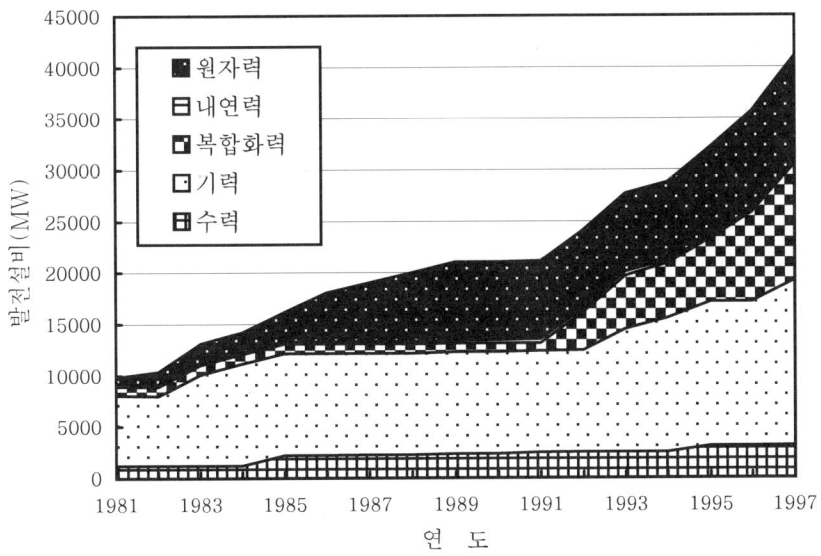

그림 1-1. 1981~1997년에 걸친 우리나라의 발전설비 추이
       (자료: 한국전력공사 홈페이지)

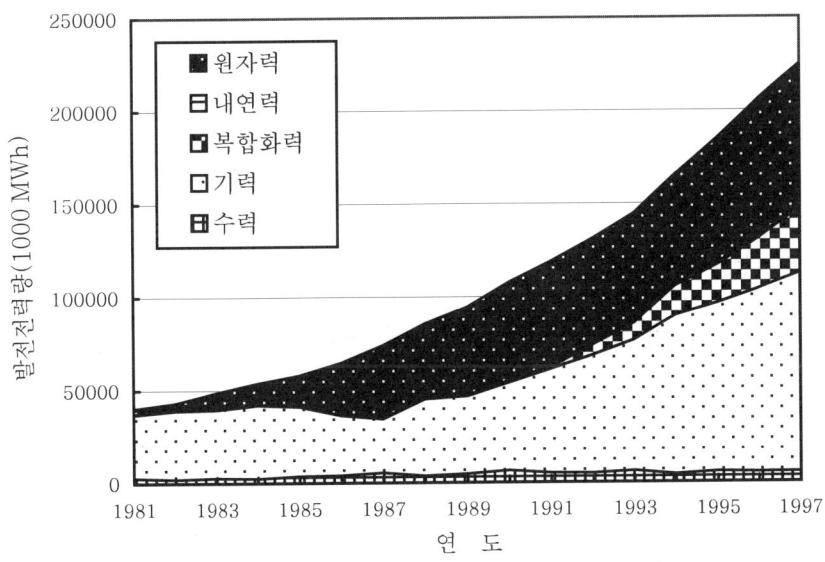

그림 1-2. 1981~1997년에 걸친 우리나라의 발전전력량 추이
       (자료: 한국전력공사 홈페이지)

근 전력생산량은 1970년의 2배에 달한다. 비록 세계 경기의 일시적 후퇴로 말미암아 1970년대 말과 1980년대 초에 많은 선진국에서 발전량 성장률이 다소 둔화되기는 하였으나, 최근 들어 성장률이 다시 증가하는 추세를 보이고 있다.

우리나라의 경우 1970년대 이후 우리 사회의 생활 수준이 향상되고 특히 산업이 급속도로 발전하면서 편리한 에너지인 전기에너지를 엄청나게 요구하게 되었다. 에너지 및 전력 사용량은 선진국의 경우 대체로 3% 이내에서 안정화되어 있으나, 우리나라에서는 높은 경제성장률로 인하여 매우 높은 수준을 계속 유지하고 있다. 표 1-1에 보인 바와 같이 1996년의 우리나라 1인당 1차 에너지 소비량은 1980년과 비교하여 3배를 넘고 있으며, 1인당 전력 소비량도 5배 가까이 증가하였다.

이와 같이 연평균 10% 이상의 증가 추세를 보이고 있는 전력수요를 충당하기 위하여 필연적으로 우리나라의 발전설비(그림 1-1)와 발전전력량(그림 1-2)은 해마다 증가하여 왔다. 특히 2000년 2월에 울진원자력 4호기가 준공됨에 따라 국내 총 발전설비 용량이 4,697.8만 kW에 이르게 되었는데, 이는 1981년의 국내 발전설비 용량과 비교하여 볼 때 5배 가까운 수준이다.

2. 온배수 방출에 대한 생태적 관심

이 책의 제목이 '발전소 온배수와 해양생태계'라고 해서 화력발전소 또는 원자력발전소에서만 온배수가 배출되는 것은 아니다. 발전소 외에 종이, 철강, 고무 또는 석유화학 제품을 제조하거나 가공하는 각종 산업에서도 비교적 많은 양의 온배수가 배출되고, 천연가스를 액체화하는 데에도 다량의 냉각수가 소요된다. 중동 지방의 경우처럼 담수의 공급이 원활하지 못한 지역에서는 바닷물을 담수로 바꾸는 탈염공장이 주로 연안에 건설되어 있는데, 이들로부터 중금속 이온들이 함유된 고염성의 온배수가 배출된다.

그렇지만 선진국에서 업종별로 사용되는 냉각수의 양을 비교해 볼 때 발전소가 차지하는 비율이 가장 높음을 알 수 있다. 미국의 경우 1960년대 후반에 발전소의 냉각수 사용량이 국가 전체 냉각수 사용량의 80%를 넘었고, 영국에서는 1980년대 후반에 발전소의 냉각수 사용량이 89%를 차지하였다(Langford, 1990). 따라서 이 책에서는 화력발전소 또는 원자력발전소에서 배출되는 온배수에 관하여 주로 논의하기로 한다.

강이나 호수 그리고 바다로 유입되는 폐열이 생태적으로 영향을 미칠 수 있음은 전력산업의 초창기에도 이미 예견되었다. 영국에서 1919년에 제정된 전기법(電氣法, Electricity Act)에서는 강으로 유입되는 폐열이 환경 문제를 일으킬 수 있다고 명시하였으나, 그 당시는 수생생물의 생태적 특성을 연구하는 수중생태학(水中生態學, aquatic ecology)이 초기 단계를 벗어나지 못하였기 때문에 온도가 수생생물에 미치는 영향에 관하여는 별로 알려진 바가 없었다. 1949년 영국의 하천 오염에 관한 정부 보고서에는 발전소에서 배출되는 냉각수와 관련하여 여름에 수온이 1℃만 상승하여도 생물상(生物相, biota)에 직접 또는 간접으로 악영향을 미칠 수 있다고 기술하고 있다.

1952년에 영국의 법원은 'Pride of Derby'라 알려진 소송과 관련하여 전력회사로 하여금 Derwent 강의 수산업에 끼친 손실을 보상하고, 피해액의 약 25%를 지급하라는 판결을 내렸다. 법원은 100°F(37.8℃) 이상의 더운물은 영국 수역의 토착 어류에 해롭다는 사실에 의거하여 Spondon 발전소에서 방출된 온배수가 인근 하천의 수산업 손실에 중요한 원인이 되었다고 판결하였다. 실제로 발전소에서 방출된 온배수는 이따금 38℃(104°F)를 넘었을 뿐만 아니라, 적은 양이나마 염소를 함유하기도 하였다.

이 판결은 온배수가 오염의 하나가 될 수 있다고 처음으로 세인의 주시를 받은 중요한 사건이었다. 이를 계기로 1950년대에 발전소에서 배출되는 온배수가 하천이나 호소 또는 해양에 생육하는 다양한 생물에 미치는 영향을 밝히는 연구가 미국과 영국을 중심으로 전개되었다. 이후 1960년대에는 이들 국가 외에 유럽 각국과 구 소련에서도 온배수에 초점을 맞춘 많은 연구과제들이 활발하게 수행되면서 이 분야는 환경 생태적 연구의 중요한 분과로 자리매김하게 되었고, 이 시기를 전후하여 열 오염(熱汚染, thermal pollution)이라는 용어가 보편화되었다. 그 한 예로 전세계에서 열에 의한 오염과 관련하여 발표된 연구논문이 1960년에 10편 미만에 불과하였으나, 10년 뒤인 1970년에는 수백 편에 달하였다.

1969년에는 미국에서만 온배수를 다루는 연구과제가 약 300개에 이르렀고, 1969년부터 1975년까지 특히 미국에서는 열 오염 연구와 이와 관련한 법률 제정이 최우선이었다. 그 이유는 원자력발전소 건설이 급증하면서 온배수가 수권환경에 미치는 영향에 대한 관심 또한 증가하였기 때문이다. 이 책에서 다룬 많은 인용문헌들이 주로 1970년대와 1980년대에 집중되어 있음도 바로 이와 같은 추세를 반영하는 것이다.

외국의 경우 온배수와 관련된 연구결과의 발표건수는 1980년대 후반부터 다소 감소하였다. 그러나 우리나라에서는 온배수를 다량 방출하는 대용량 발전소의 건설과 가동이 1970년대 말부터 급증하였고, 특히 세계에서 그 유례를 찾기 어려울 정도로 다양한 해양생물을 식용 자원으로 활용하는 독특함 때문에 연안에 세워진 발전소로부터 방출되는 온배수가 해양생태계에 미치는 영향에 대한 세인의 관심이 날로 급증하고 있는 실정이다. 우리 나라에서 발전소 온배수의 영향과 관련하여 해조류와 식물플랑 크톤 등 해양생태계의 다양한 구성요소를 대상으로 수행된 각종 연구결과가 1980년대와 1990년대에 활발하게 발표되고 있음은 바로 이러한 추세를 반영하는 것이다(권말의 참고문헌 목록 참 조).

3. 발전소의 물 사용과 열 제거

3.1 발전 방식

전기는 한 가지 기본적 과정에 의하여 상업적 규모로 만들어 진다. 어떤 형태이든지 간에 물이 터빈을 회전시키고, 이는 다시 발전기를 돌려서 전류를 발생시킨다. 전기를 생산하는 시설, 즉 발전소는 크게 다음과 같은 두 가지로 대별된다.

먼저 수력발전(水力發電, hydro-electric power)은 강이나 호수 또는 하구를 막아 댐을 만들고, 물이 갖는 위치 에너지를 터빈 (수차)을 통해 기계 에너지로 변환한 다음, 다시 자기 에너지의 도움을 빌어서 전기 에너지를 얻는 방식이다. 수력발전소는 취수 방법에 따라 수로식, 댐식, 댐 수로식 및 유역 변경식 발전소로 분류되는 한편, 운용 방법에 따라 유입식, 저수지식, 양수식 및 조정지식 발전소로 분류된다. 수력발전은 취수 방법과 운용 방법 에 따라 터빈을 돌리고 나온 물이 흐르는 방수로(放水路, tailrace)

의 수온이 자연 하천의 수온보다 높거나 낮을 수 있다. 이러한 댐의 축조나 물의 방류가 생태적으로 미치는 영향에 관하여는 많은 자료가 있지만(이를테면 Lowe-McConnell, 1966; Ackermann *et al.*, 1973; Davies & Walker, 1986), 이 책의 주제와는 거리가 있으므로 여기서는 더 이상 논의하지 않기로 한다.

다른 중요한 발전 방식으로는 화력발전(thermal generation)을 들 수 있는데, 물을 고온 고압의 조건에서 증기로 바꾸고, 이 증기가 갖는 에너지로 증기 터빈 발전기를 회전시켜서 전기를 발생시키는 것이다. 특히 이 방식은 발전하는데 증기 터빈이라는 원동기를 사용하므로 기력발전(汽力發電, steam generation)이라 부르기도 한다. 물을 증기로 바꿀 때 석탄이나 석유와 같은 화석 연료를 이용하거나 또는 핵분열 반응에 의하여 열 에너지를 얻게 된다. 기력발전소에서는 보일러(boiler), 즉 증기 발생 장치에서 증기를 얻기 위하여 많은 양의 물이 사용되지만, 이보다 훨씬 많은 양의 물이 엄청난 양의 증발열을 빼앗아 증기를 식히고 응축하는데 소요된다. 연료가 갖는 에너지를 전기로 변환하는 열역학적 과정의 효율은 낮아서 아무리 효율적인 발전소라 할 지라도 전기를 생산하는데 쓰이는 열 에너지의 약 두 배의 열 에너지는 환경으로 소실된다.

그밖에 물을 주된 자원으로 이용하는 새로운 대체 에너지 또는 재생 가능 에너지로서 파력(波力, wave power)과 조력(潮力, tidal power) 발전을 들 수 있다. 파력발전은 파도의 에너지를 이용하는 발전 방식이고, 조력발전은 바닷물의 간만에 의한 조위의 변화에 따른 낙차를 이용하는 발전 방식이다. 이들 발전 방식은 수체의 온도 체제를 크게 변화시키지는 않지만, 물리적 변화에 기인하는 생태적 효과가 예상된다. 하구에 세워진 조력발전소는 개펄이나 모래 바닥이 주기적으로 물에 잠기는 주기를 변모시키고, 따라서 기질(基質, substrate)과 얕은 물의 온도 주기를 변화시킬 수 있다. 한편 파력발전소가 연해에 건설되면 그 발전소에 가려진 연안역에는 파도의 물리적 힘이 감소되지만, 온도는 거의 변화하지 않을 것이다.

3.2 발전소의 열 손실

하나의 상태로부터 출발해서 임의의 중간 상태를 거쳐 다시 출발했던 최초의 상태로 돌아가는 상태 변화를 순환 과정 또는 사이클(cycle)이라 한다. 기력발전소의 기본적인 열 사이클은 카르노 사이클(Carnot cycle)인데, 이상적인 가역 사이클(reversible cycle)로서 모든 사이클 중에서 최고의 열효율을 나타내는 사이클이다. 카르노 사이클에서 열은 고온에서 유체에 공급되고 저온에서 유체로부터 방출되며, 유체는 단열 상태에서 팽창과 압축을 반복한다. 열역학 제2법칙에 따르면 이 사이클에서 많은 양의 열이 방출된다.

그렇지만 기력발전소에서 사용되는 증기 사이클은 기본적인 카르노 사이클과 다르다. 그것은 열이 보일러 급수(boiler feed water)에 가해져서 이를 증기로 바꿀 때 단열 압축(adiabatic compression)의 단계가 없기 때문이다. 다만 우리는 이와 같은 이상적인 사이클을 가정함으로써 열기관 효율의 상승 한도를 이해하게 된다.

카르노 사이클을 증기 원동기에 적합하게끔 개량한 것이 랭킨 사이클(Rankine cycle)이며 증기를 동작 유체(working fluid), 즉 열을 받고 전달해 주는 물질로 사용하는 기력발전소의 가장 기본적인 사이클이 되고 있다. 이것은 증기를 동작 물질로 사용해서 앞서 설명한 카르노 사이클의 등온 과정을 등압 과정으로 바꾼 것이다.

열 기관의 이론적인 열효율(熱效率, thermal efficiency)은 최적 조건 하에서 약 65%이다. 그렇지만 물을 동작 유체로 사용하는 랭킨 사이클의 효율은 이론적으로나 실제에 있어서 카르노 사이클의 효율보다 훨씬 낮다. 이 책에서는 기력발전소의 열 사이클에 관하여 더 이상 깊이 다루지 않겠지만, 관심 있는 독자들은 물리학 교재 특히 열역학(熱力學) 관련 도서들을 참고하기 바란다.

초기의 화력발전소는 열기관 구성물질의 특성과 제작 방법에 기인하여 발전소의 실제 효율이 20% 미만이었으나, 최근에 건설된 화력발전소의 열효율은 34~40%에 이른다. 그렇지만 이 사실은 열효율의 증진에도 불구하고 공급된 열의 60~66% 가량은 전기로 전환되지 않고, 따라서 이 나머지 열을 반드시 환경으로 방출하여야 한다는 것을 의미한다. 이렇게 주변으로 방출되는 열을 폐열(廢熱, waste heat)이라 부르며, 이러한 손실을 가리켜 '경제상의 낭비라기보다는 기술상의 낭비'라고도 한다.

최근에 건설된 발전소의 경우 열효율이 40%이고, 증기온도 550℃, 압력 $10.3 \times 10^6 \, kg \, cm^{-2}$, 열 소비율 $2200 \, kg \, cal \, kWh^{-2}$의 조건에서 정상적으로 가동한다고 가정하면, $880 \, kg \, cal$가 전기 에너지로 전환되고 $1400 \, kg \, cal$의 열에너지는 방출된다. 이 계산은 냉각수의 취수온도가 약 10℃라고 가정하였을 경우이고, 취수온도가 변하게되면 열효율도 다소 변화한다.

원자력발전소는 화석 연료를 사용하는 화력발전소보다 열효율이 낮다. 그것은 원자력발전소가 화력발전소보다 낮은 250~300℃의 온도 조건과 $4.2 \times 10^5 \, kg \, cm^{-2}$의 낮은 압력 조건에서 작동하기 때문이며, 열 소비율은 $2600 \, kg \, cal \, kWh^{-1}$가 된다. 따라서 화력발전소의 경우와 같은 양의 열이 전기로 변환되지만, 화력발전의 경우보다 약 50% 이상의 더욱 많은 열이 제거되어야 한다.

3.3 열효율과 냉각수 사용

오늘날의 발전소는 초기의 발전소보다 훨씬 대용량이다. 따라서 어느 곳에서나 물의 수요와 배수량 모두 훨씬 많아졌다. 이를테면 1890년에는 발전소의 발전용량이 0.1 MWe에 불과하였으나, 우리나라의 경우만 하더라도 최근에 건설된 화력발전소가 500~560 MWe, 그리고 원자력발전소는 950~1000 MWe의 시설용량을 갖고 있으며, 외국의 경우에는 1300 MWe 용량의 원자력발전소도 가동되고 있다. 최근에 건설되는 대용량 발전소들은 예전의 발전소들보다 훨씬 더 효율적이어서, 생성하는 전력량당 소요되는 냉각수의 양이 차츰 감소하고 있는 추세이다. 이를테면 영국의 경우 총 발전용량이 1925년의 약 4000 MWe에서 1970년에 약 54000 MWe로 증가하면서 총 냉각수량은 7배 가량 늘어났음에도 불구하고, 단위전력량(kWh)당 소요되는 냉각수의 양은 1910년부터 1970년에 이르는 기간에 1/6의 수준으로 감소하였다.

석탄이나 석유와 같은 화석 연료를 사용하는 발전용량 2000 MWe 화력발전소의 경우 정상 가동을 하게 되면 초당 65 m^3의 냉각수가 소요된다. 그렇지만 같은 용량의 원자력발전소는 열 소비율의 차이 때문에 50% 가량 더 많은 냉각수를 필요로 한다. 이렇게 절대적으로 필요한 다량의 냉각수를 내륙의 하천이나 호수로부터 안정적으로 공급받을 수 있는 입지적 조건을 갖춘 나라가 그다지 많지 않으므로, 우리나라를 포함하여 대부분의 국가에서 원자력발전소는 바닷가에 위치하고 있다.

원자력발전소는 1950년대에 영국과 미국 그리고 구 소련에서 상업운전을 시작한 이래 많은 나라에서 급속도로 확장되었다. 1998년말 현재 세계 37개국에서 422기의 원자력발전소가 운영 중이며, 원자력발전의 설비용량은 약 3억 6천만 kW이고 발전량은 전세계 총 발전량의 약 17%를 차지하고 있다. 1998년말 현재 전세계에서 운영 중인 원자력발전소의 설비용량을 기준으로 볼 때 미국이 104기의 1억 kW로 가장 많고, 프랑스가 56기의 6천만 kW, 그리고 일본이 51기의 4천 2백만 kW이며, 전세계 원자력발전 규모는 1973년의 제1차 석유파동 당시와 비교하여 볼 때 약 7배 가량 증가하였다.

우리나라에서는 1978년에 고리원자력 1호기가 준공되고 탈석유전원 정책 하에 원자력발전에 집중적인 투자가 이루어지면서 이른바 '원주화종(原主火從)'의 시대가 열리게 되었다(표 1-2).

2000년 2월에 한국표준형 원전인 울진원자력 4호기가 준공됨에 따라 국내의 운전 중인 원전은 총 16기 그리고 원전의 설비용량은 1,371.6만 kW가 되었다. 국내 총 발전설비(4,697.8만 kW)의 약 29% 그리고 총 발전량의 40% 이상을 차지하는 원자력발전은 우리나라의 주력 에너지로 자리매김하였다.

원자력은 저렴한 핵연료를 이용하여 대량 발전을 할 수 있는 기술집약형 에너지원이며, 석유와 석탄 등 발전연료의 수입대체 효과가 크기 때문에 각광을 받고 있다. 그러나 원자력발전소는 우라늄을 연료로 하여 핵분열 연쇄반응에서 생기는 막대한 에너지를 이용하여 전기를 생산하는 곳으로 운전과정에서 약간의 방사성물질이 생길 수 있으며, 일반인들이 불안해하고 심지어 거부감까지 가지는 가장 중요한 이유는 바로 이 방사능이다. 게다가 1979년에 미국의 Three Mile Island (TMI) 원자력발전소와 1986년에 구 소련 Ukrainian 지방의 Chernobyl 원자력발전소에서 일어난

표 1-2. 우리나라의 원자력발전소 현황

호 기	위 치	용량(MW)	원자로형	상업운전일
고리원자력 1	부산시 기장군	587	가압경수로	1978. 4.
2	〃	650	〃	1983. 7.
3	〃	950	〃	1985. 9.
4	〃	950	〃	1986. 4.
월성원자력 1	경북 경주시	679	가압중수로	1983. 4.
2	〃	700	〃	1997. 6.
3	〃	700	〃	1998. 7.
4	〃	700	〃	1999. 10.
영광원자력 1	전남 영광군	950	가압경수로	1986. 8.
2	〃	950	〃	1987. 6.
3	〃	1,000	〃	1995. 3.
4	〃	1,000	〃	1996. 1.
5	〃	1,000	〃	(2001. 12.)
6	〃	1,000	〃	(2002. 12.)
울진원자력 1	경북 울진군	950	가압경수로	1988. 9.
2	〃	950	〃	1989. 9.
3	〃	1,000	〃	1998. 8.
4	〃	1,000	〃	2000. 2.
5	〃	1,000	〃	(2004. 9.)
6	〃	1,000	〃	(2005. 9.)

( ) : 상업운전 예정일

일련의 사고는 원자력발전에 대한 일반인들의 불안감을 증폭시키는 계기가 되었다.

그럼에도 불구하고 경비와 장기적 연료 전략 차원에서 그리고 특히 최근 들어 유엔 기후변화 협약, 그린라운드 협약 등 지구온난화 방지를 위하여 국제적으로 화석 연료(化石燃料)의 사용이 제한되고 있는 실정에서 이를 대체할 수 있는 가장 효과적인 에너지로서 우리나라는 물론 세계 각국에서 원자력발전소의 건설과 가동이 계속 증가 추세를 보일 것으로 전망된다.

3.4 냉각 계통의 설계

1960년대 이전에 건설된 발전소의 냉각 계통은 거의 전적으로 발전소의 효율적 가동을 위한 최선의 공학적 또는 경제적 해답을 얻기 위한 기준들이 고려되었다. 그러다가 1960년대부터 특히 미국을 중심으로 여러 가지 냉각 계통이 고안되었는데, 이는 환경 법규가 점차 강화되고 생태학적 관심이 고조됨에 따라 주변으로 방출하는 열의 양을 줄이기 위함이었다. 발전소 냉각 계통의 종류와 각각의 특성은 다음과 같다(IAEA, 1974; Glasstone & Jordan, 1980; Langford, 1990).

3.4.1 관류냉각 방식

관류냉각 방식 또는 일회냉각 방식(once-through cooling system)은 직접냉사 방식(direct cooling system)이라고도 부르며, 취수원으로부터 펌프로 올린 냉각수를 복수기(復水器, condenser) 또는 열 교환기(heat exchanger)로 보내어 여기서 열이 전달된다. 복수기 내에서 증발열을 흡수한 냉각수는 주변으로 직접 방출되고,

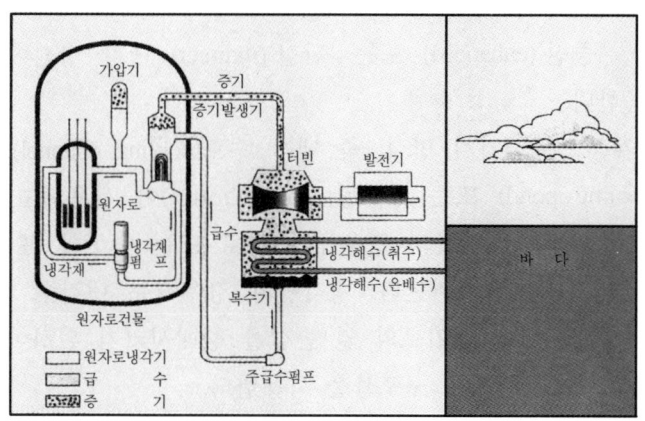

그림 1-3. 원자력발전의 경우를 예로 든 관류 냉각 방식의 냉각 계통
(자료: 산업자원부 · 한국전력공사, 1998)

열은 복사(輻射, radiation), 전도(傳導, conduction) 및 대류(對流, convection)의 방법으로 확산된다. 냉각수가 충분히 공급되고 냉각수를 내보낼 곳의 체적 또는 면적이 충분한 곳에서는 발전소를 설계하고 가동하는데 있어서 이 방식이 가장 간단할 뿐만 아니라 경비 또한 가장 적게 든다. 관류 냉각 방식의 냉각 계통을 원자력발전의 경우를 예로 들어 그림 1-3에 나타내었다.

그렇지만 이 방식은 모든 냉각 방식 가운데 수권 환경으로 방출되는 열량이 가장 많고, 특히 굴뚝을 통하여 열이 소실되지 않는 원자력발전소의 경우 그 심각성은 더해진다. 더욱이 다양한 수문학적 또는 기상 조건에 따라 배출된 온배수가 취수구로 재순환될 문제가 일어날 수도 있다.

3.4.2 재순환 냉각 방식

관류냉각 방식과는 달리 폐열을 주변 환경으로 직접 내보내지 않는 재순환냉각 방식(recirculating cooling-water system)은 '폐쇄' (closed), '증진'(enhanced) 또는 '간접'(indirect) 냉각 방식이라 부르기도 한다.

전세계적으로 3가지 방식, 즉 냉각 수로(cooling channel), 냉각 연못(cooling pond) 또는 냉각탑(cooling tower)이 사용되고 있다. 냉각 수로와 냉각 연못의 경우에는 수로 또는 연못의 표층에서 증발을 통해 열이 제거된다. 냉각탑의 경우에는 냉각수 사이로 공기를 통과시키고 대기로의 열 손실을 증대시키기 위하여 다양한 목재 또는 콘크리트 구조물을 사용한다.

1) 냉각 수로 또는 냉각 운하

많은 발전소에서는 공학적 측면이나 환경적 측면을 고려하여 다양한 길이의 수로 또는 운하를 건설하고 있다. 이를테면 미국 Florida 주의 Turkey Point 발전소에서는 온배수가 9km 길이의 운하를 거친 다음 인근의 Biscayne 만으로 유입된다.

2) 냉각 연못

냉각 연못은 온배수가 주변 수역에 도달하기 전에 열을 상실할 수 있는 완충 역할로 이용된다. 폐쇄 냉각 방식에서 이 연못은 취수원인 동시에 열 방출원으로 이용할 수도 있다. 인공 연못은 비교적 저렴하게 만들 수 있고, 다시 보충할 필요가 없이 장기간 사용할 수 있다. 한편 주변 수역으로 방출하기 전에 오염물을 감지할 수 있는 저류 유역(貯留流域, retention basin)으로도 활용할 수 있다.

그러나 이 방식은 대기로의 열 전달률이 낮아서, 많은 부피의 물을 식히려면 연못의 표면적이 넓어야 한다는 단점이 있다. 완전한 폐쇄 재순환 방식의 발전소에서는 발전용량 MW당 2.5~5.0

ha의 표면적이 필요하다. 예를 들어 1000 MWe 발전소의 경우 복수기에서 재사용할 수 있도록 취수온도를 충분히 낮게 유지하기 위하여는 3000~5000 ha의 얕은 연못이 필요하다. 그렇지만 주변 수역으로 방출하기 전에 냉각수의 온도를 2~3℃ 가량 부분적으로 낮추는 용도로만 연못을 이용한다면 그 면적은 훨씬 적어지게 된다. 대부분의 인공 연못은 비교적 얕고, 최소 깊이는 약 1 m가 보통이다.

3) 분무 연못

분무 연못(spray pond)은 냉각 연못 위에서 물보라를 뿜거나 또는 연못의 수면에 분무 노즐을 띄우는 방식이다. 물을 분무시킴으로써 공기와 접촉하는 표면적을 증대시키고 따라서 열 손실률을 촉진시키게 된다. 이 방식의 장점으로는 넓은 표면적이 필요하지 않다는 것으로, 냉각 연못의 약 1/20이면 가능하다. 반면에 분무된 물이 공기와 접촉하는 시간이 짧아 실행에 제한이 따르고, 강풍이 불 때 물보라가 흩날리며, 공기로부터 먼지나 부스러기가 유입되어 오염될 소지가 있다는 점 등이 단점으로 지적된다.

4) 냉각탑

냉각탑은 목재 또는 콘크리트로 된 수직 구조물로써, 그 내부에는 냉각수가 작은 물방울 또는 얇은 막으로 흩어져서 높은 곳으로부터 탑의 바닥에 있는 집수못(collecting pond)으로 낙하시키는 다양한 구조물이 있다.

자연 통풍식 냉각탑(natural draft tower)에서는 냉각탑의 형태와 구조에 의하여 공기의 흐름이 증진된다. 보조 통풍식 냉각탑(assisted draft tower)에서는 전동 선풍기를 돌려서 공기의 흐름을 촉진시킨다. 자연 통풍식과 보조 통풍식 냉각탑을 가리켜 습식 냉각탑(wet cooling tower)이라 부른다.

반면에 건식 냉각탑(dry cooling tower)은 냉각 핀 또는 벌집 모양의 금속 구조물로 된 방열기(放熱器, radiator)로 더운물을 보내는 방식으로, 이 경우 냉각수는 공기와 직접 접촉하지 않는다. 따라서 습식 냉각탑의 경우와 달리 건식 냉각탑에서는 증발에 의한 손실이 일어나지 않는다. 이들 구조물에서는 부식(corrosion)과 막힘 현상(blockage)이 문제가 될 수 있다.

최초의 쌍곡 건식탑(hyperbolic dry tower)은 영국의 Rugeley 발전소에서 세워졌다. 영국이나 지상 조건이 적합한 다른 지역에서는 자연 통풍식 쌍곡 냉각탑(natural draft hyperbolic cooling tower)이 가장 널리 사용된다. 영국 내륙에 있는 모든 발전소는 1960년부터 이 방식을 채택하고 있으며, 물이 부족한 지역에서 냉각수를 재순환하여 사용하는데 이용하고 있다. 미국에서는 주변 수역으로 방출하기 전에 온배수를 식히는 환경적 이유로만 이러한 냉각탑이 사용된다.

영국의 경우 최근에 건설된 2000 MWe 화력발전소는 약 $65\,m^3\,s^{-1}$의 냉각수가 소요되고, 대체로 8개의 쌍곡 냉각탑이 세워진다. 탑은 약 140 m 높이이고, 이와 비슷한 둘레를 가진 집수못이 바닥에 있다. 약 97%의 물이 끊임없이 재순환되고, 2%는 탑에서 증발하며, 1% 가량은 주변으로 방출된다. 따라서 이와 같은 손실을 보충하기 위하여 총 소요량의 3%만을 추출하면 된다. 이렇게 1% 가량의 물을 내보내고 새로 보충하는 이유는 재순환수에 용해 물질이 과다하게 농축되지 않도록 하여 관이나 복수기 내에 물 때(scale)가 형성되거나 막히는 것을 방지하기 위함이다.

영국의 발전소에서는 보조 통풍식 냉각탑이 흔하지 않았지만, 최근 들어 점차 늘어나는 추세를 보이고 있다. 반면에 미국과 습도가 높은 다른 나라들에서는 증발을 통한 열 손실을 효율적으로 유지하기 위하여 공기의 흐름을 증대시키는 보조 통풍식 냉각탑이 널리 사용되고 있다.

냉각탑은 냉각 연못 또는 냉각 수로와 비교하여 토지의 이용이 적고 냉각 효율이 높다는 장점이 있다. 반면에 단점으로는 자본비와 유지비가 많이 든다는 점을 들 수 있다. 그렇지만 자연 통풍식 냉각탑은 보조 통풍식 냉각탑보다 경비가 훨씬 적게 들며 파손될 염려도 적다. 이들 냉각탑 모두 김이 멀리 퍼져 나가고 국지적이나마 분무가 흩어지면서 약간의 환경 효과를 일으킬 수 있다.

주변 수역으로의 열 손실은 냉각탑을 사용하는 방식이 가장 적어서, 동일한 발전용량의 관류 냉각 방식 발전소에서 주변으로 방출하는 열의 약 1%에 불과하다. 따라서 열을 방출하는데 필요한 주변 수역의 부피 또는 면적이 훨씬 적어진다.

제2장

온배수의 물리적 효과

1. 온배수의 물리적 특성

온배수는 대체로 표층 배수(表層排水, surface discharge)와 심층 배수(深層排水, submerged discharge)의 두 가지 가운데 하나의 방식으로 배출된다. 표층 배수는 수면 또는 수면 아래로 난류(亂流, turbulence)를 적게 일으키며 느리게 층(層, layer)을 이루면서 배출하는 방식이고, 심층 배수는 대체로 표층수 아래에서 난류를 많이 일으키며 빠르게 분사(噴射, jet)시키는 방법이다.

표층 배수의 경우 주변 수역과의 혼합이 대체로 불충분하여 수온 상승역이 배출구로부터 상당한 거리에 이르기까지 확장될

표 2-1. 표층 배수와 심층 배수 방식의 열 분산 비교

	표 층 배 수	심 층 배 수
1. 표층수 온도	비교적 높다	비교적 낮다
2. 상대적 혼합 속도	느리다	빠르다
3. 바닥의 온도와 속도에 미치는 영향	변화가 없다	온도와 속도가 중대하게 상승한다
4. 표층의 열 소멸 비율	비교적 높다	비교적 낮다 - 많은 열이 수체에 저장된다
5. 최고 온도에 노출되는 시간*	비교적 짧다	비교적 길다
6. 상대 경비	적다	많다

* 최고 온도는 복수기 출구로부터 배출 지점까지의 거리에 따라 좌우된다.
  (자료 : Miller & Brighouse, 1984)

수 있다. 수면에서는 증발에 의하여 대부분의 열이 소실되지만, 수면 아래의 수온 상승역은 전도(conduction)에 의하여 열이 확산된다. 반면에 심층 배수의 경우, 즉 분사식 확산에서는 온배수가 배출되는 즉시 주변의 물과 혼합되고, 자연적인 수문학적 특징뿐만 아니라 배출구의 설계, 위치 그리고 구조적 특징에 따라 혼합이 증대될 수 있다(표 2.1).

배출구의 유형에 관계없이 온배수는 주변 수역과 인근의 식물상 및 동물상에 영향을 미칠 수 있는 다음과 같은 몇 가지 물리적 성질을 갖는다(Miller & Brighouse, 1984).

먼저 온배수의 높은 온도는 주변 수역의 온도를 변화시키고, 속도는 배출구 주변 해류의 방향과 속도를 변화시킬 수 있다. 이에 따라 배출구 주변의 침전물이 변화할 수 있는데, 이는 주로

배수가 와류(渦流, eddy)를 일으키는 곳에서 수중 침식을 유발하기 때문이다. 한편 온배수의 밀도가 낮고 따라서 부력이 증가하기 때문에 열적 성층(熱的成層, thermal stratification)과 때로는 화학 성층(化學成層, chemical stratification)을 일으킨다. 이는 또한 수역 깊은 곳에서 자연적으로 밀도에 의하여 유발되는 물의 흐름을 변화시킬 수 있다.

이러한 모든 변화의 정도는 발전소의 설계와 가동 그리고 주변 수역의 수문학적 및 지리적 성질 등 다양한 요인들에 의하여 좌우된다.

2. 온 도

2.1 온도의 측정

온도는 정확하게 측정할 수 있는 간단한 변수의 하나일 뿐만 아니라, 생태학자들이 온도를 가장 중요한 환경요인으로 간주하기 때문에 전세계적으로 많은 수역에서 다양하게 온도가 측정되고 있다.

초기의 수온 조사에서는 수은온도계로 수온을 측정하였다. 수은온도계 또는 수은을 넣은 금속상자를 기록계와 연결하여 연속으로 측정하기도 하였다. 그러다가 차츰 전자공학 기술이 개발되면서 극소전자공학을 이용하여 측정한 자료를 직접 컴퓨터에서 분석할 수 있는 다층온도 측정기(thermistor array)들이 사용되었다. 더욱이 최근에는 온배수 확산역의 형태, 크기 그리고 변화 양상을 도면으로 작성할 수 있는 다양한 기법들이 널리 이용되고 있다(Funnell, 1988).

절대 영도(absolute zero temperature) 이상의 모든 물체는 적외선 복사(赤外線輻射, infra-red radiation)를 방출한다. 이 복사는 스캐너, 적외선 감지기 및 적외선 사진기를 이용하여 먼 거리에서도 측정할 수 있다. 이러한 방법으로 조사대상 지역 상공에 사진기와 도면작성기를 탑재한 비행기를 띄워서 온도 분포도를 작성하며, 그 결과 온배수 확산역의 영상을 얻고 있다. 이러한 방법의 초기 조사에서는 영상 자료가 수온 상승역이 밝은 구역으로 나타나는 흑백 사진으로 얻어졌다. 수온이 높아질수록 대체로 명암의 정도가 밝게 나타나지만, 실제 수온과의 보정은 어려웠다.

최근에는 비행기뿐만 아니라 특히 인공위성에서 사용하는 온도 측정 장치로부터 매우 정밀한 적외선 영상 자료가 칼라 사진으로 얻어지며, 이 사진에서 온도가 다른 수역은 서로 다른 색깔로 구분될 수 있다. 그림 2-1은 일본 후쿠시마(福島)현의 원전단지 상공에서 비행기를 이용하여 적외선 스캐닝 사진을 얻는 방법과 1993년 4월 18일에 촬영한 사진을 보여주고 있다(일본 후쿠시마현 온배수조사관리위원회, 1996).

이와 같은 원격 탐사(遠隔探査, remote sensing) 방법은 보다 흔하게 이용되는 수온 실측 방법과 비교하여 볼 때 장점과 단점이 있다. 주요 장점으로는 자료를 신속하게 수집할 수 있고 온배수 확산역 전체를 표시할 수 있다는 점이다. 매우 신속하게 처리할 수 있기 때문에 이 기법은 필름이나 비디오를 통하여 조류(潮流, tidal current), 바람 또는 발전소 가동 변화에 따라 야기되는 온배수 확산역의 단기 변화를 보여 주는데 이용될 수 있다. 만일 실측 방법으로 이렇게 광범위한 지역의 변화를 보여 주려면 선상에서 측정하는 온도계 또는 현장에 고정 설치한 수온 기록계가 엄청난 양으로 필요할 것이다.

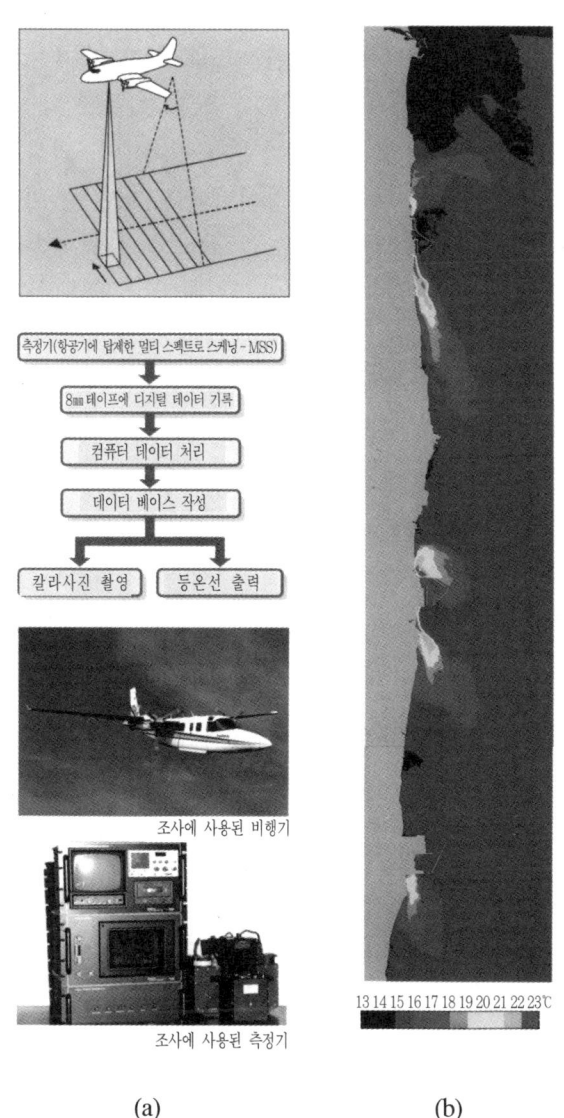

(a)   (b)

그림 2-1. 일본 후쿠시마(福島)현의 원전단지 상공에서 비행기를 이용하여 조사한
          온배수 확산역. (a) 적외선 스캐닝 사진을 얻는 절차 및 조사에 사용된
          비행기와 측정기 (b) 발전소 상공에서 1993년 4월 18일에 촬영한 적
          외선 스캐닝 사진(자료: 일본 후쿠시마현 온배수조사관리위원회, 1996)

수중에 설치한 연속 측정 장치들로부터 자동적으로 기록되는 장기적 자료들을 오늘날에도 보편적으로 얻고 있지만, 측정이 신속하고 완전한 전체 사진을 얻을 수 있기 때문에 대규모의 장기간 실측 조사 또는 현장에 설치한 수온기록계에 의한 자료 수집보다도 원격 탐사 방법이 훨씬 경제적이다. 더욱이 이 방법은 어두운 밤에도 측정이 가능하고 조사 선박의 항해가 어렵거나 위험한 곳에서도 가능하다. 그렇지만 이 방법이 정량적으로 계산하고 열 분산을 평가하는 데에는 다소나마 한계가 있으므로, 현장에서 직접 조사할 필요성이 여전히 남아 있다.

원격 탐사의 단점은 이 방법이 불과 수 마이크로미터(μm) 깊이의 표층 온도만을 측정하므로 온배수 확산역의 수직 단면도를 얻을 수 없다는 점이다. 따라서 이 방법은 수면 아래로 수온 상승역이 확산될 때와 같이 예외적인 성층이 형성되는 곳에서는 이용에 제약이 따른다.

원격 탐사 방법은 장비와 조건에 따라 0.1℃에서 0.7℃의 정밀도로 온도를 감지할 수 있는 상당히 정확한 방법이다.

2.2 확산역 모델링

온배수 확산역의 크기와 방향 그리고 온도 감소를 예상하는 데에는 대개 수학적 모델링(mathematical modelling)과 수리적 또는 물리적 모델링(hydraulic or physical modelling)이 이용된다. 이러한 모델링의 결과는 발전소와 같은 대규모 시설의 부지 선정, 설계 및 가동에 있어서 중요할 뿐만 아니라, 어떤 생태적 효과를 예측하는데 절대적으로 필요하다.

온배수 확산 범위의 수학적 모델링은 1960년대부터 연구논문 또는 심포지엄을 통하여 다양하게 개발되고 발전되었다. 수학적 모델링에 관한 각종 자료는 몇 편의 총설(Gosse, 1982; Malmgren-Hansen & Dahl-Madsen, 1982; Barnett & Hardy, 1984)과 Langford (1990; 31쪽)의 자료를 참고하기 바란다. 그렇지만 종합적인 모형을 개발하고자 크게 기대하였음에도 불구하고 수학적 기법이 이를 해결하는데 적합하지 않았고, 가까운 장래에 온배수를 시뮬레이션(simulation)하는 믿음직한 수학적 모형이 개발될 가능성은 없다(Miller & Brighouse, 1984).

하구 또는 해안과 같이 시공간적으로 물의 흐름이 다방면으로 움직이고 복잡하며, 수리적 특징을 수학적으로 나타내기 어려운 곳에서는 물리적 모델링을 흔히 이용한다. 배수의 분산 양식은 주로 특정 조건하에서 부표의 추적이나 염료의 추적을 통하여 파악한다. 물리적 모델링에서 사용하는 축척 모형(scale model)의 문제점은 수직 축척이 너무 커서 분산 계수가 실제 상황과 다르다는 점이다. 뿐만 아니라 염분도 차이에 따른 성층과도 같은 요인들을 시뮬레이션하기도 어렵다.

어떤 방법으로 확산 범위를 측정하거나 모형화하든지 상세한 온도 양식과 확산역의 동태, 그리고 특히 이들의 시공간적 안정성의 정도를 이해하는 것은 현장의 생태 연구뿐만 아니라 생태적 예측에도 필수적이다.

2.3 자연 수역에서 열의 소멸

수역의 표층에서는 증발과 전도 그리고 복사에 의하여 열이 소실되고 전달된다. 이들 각각의 정도는 표층의 수온에 따라 좌우된다. 이를테면 대기로 내보내는 복사는 표층수 절대온도의 4

승과 비례한다. 표층으로부터 전도되는 열의 양은 물과 대기의 온도 차이에 비례하고, 증발에 의한 열 손실은 표층 수온 하에서의 포화 증기압과 공기 중 수증기압의 차이에 비례한다. 이들 세 가지 모두 표면에서 일어나는 현상이다(Edinger & Geyer, 1965).

따라서 열 처리의 가장 간단한 방법은 배수를 주변 수역으로 가능한 한 표면 가까이 직접 방출하는 것으로, 앞서 설명한 기작들이 열을 제거하도록 함으로써 원래의 온도로 되돌리는 것이다. 수온 상승역의 확산 정도에 영향을 미치는 다양한 요인들은 서로 밀접한 관계가 있다.

2.4 온배수의 온도

2.4.1 냉각 계통 내의 온도

냉각수는 복수기를 거치는 동안 수온이 급격하게 변화한다. 대부분의 발전소에서 2~3분 또는 그보다 짧은 기간에 8~15℃의 수온 상승이 일어난다. 이러한 변화는 자연 서식처에서 일어날 수 있는 수온 변화의 폭 보다 훨씬 큰 것이다. 수온의 하강은 온배수 방출 방식에 따라 좌우된다. 급격하게 혼합시켜 배출하는 경우에는 다시 한 번 수온이 빠르게 하강한다. 상승된 수온에 접하는 기간은 온배수의 효과를 결정하는데 필수적인 요인이 된다.

2.4.2 배수의 온도 범위

온배수의 최고 온도는 냉각수를 취하는 주변 수역의 자연 수온과 물의 단위체적당 전달되는 열의 양에 따라 좌우된다. 발전소 복수기에서 효율적으로 냉각되는 적정한 수온 상승은 약 10~12℃이다. 그렇지만 주변의 수온이 매우 높거나 낮은 경우, 효

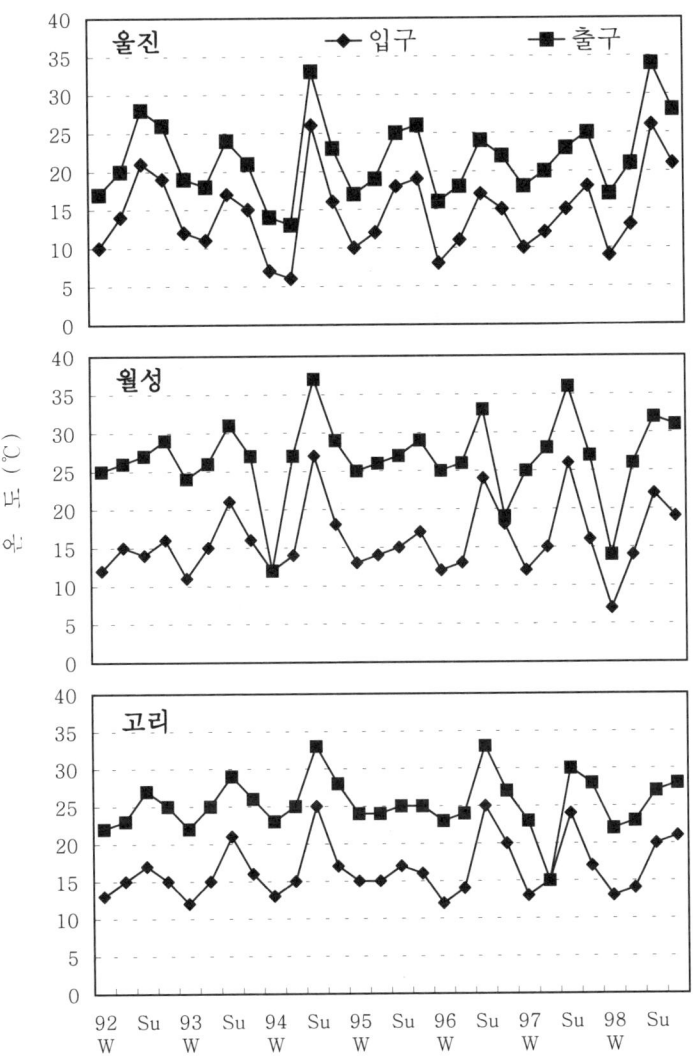

그림 2-2. 동해안에 위치한 3개 원자력발전소(울진, 월성 및 고리)의 복수기 입구와 출구에서 1992~1998년에 걸쳐 계절별로 측정한 수온(자료: 김, 1999a)

율적인 냉각수의 공급이 부족한 경우, 또는 설계의 차이에 따라 이 수온 상승 범위는 변화될 수 있다.

미국의 원자력발전소에서는 온배수의 수온 상승(δT 또는 $\triangle$T)이 6~17℃의 넓은 범위로 나타나며, 10~11℃가 최빈값(mode)이다. 화력발전소의 배수 온도 역시 이와 비슷한 범위를 보이지만, 생성되는 단위전력량당 손실되는 열의 양은 적다. 영국과 다른 유럽 국가들에서는 발전소가 정상적으로 가동되면 δT가 약 8~12℃가 되는데, 몇 원자력발전소에서는 δT가 15℃에 이르기도 한다. 그렇지만 이러한 수온 상승은 같은 발전소라 할 지라도 항상 동일하지 않고, 몇 가지 요인들이 양과 온도에 있어서 장기적 또는 단기적으로 변동을 일으킬 수 있다.

1992년 겨울부터 1998년 가을까지 7년간 우리나라 동해안의 3개 원자력발전소의 복수기 입구와 출구의 수온을 계절별로 비교한 결과는 그림 2-2와 같다(김, 1999a). 발전소가 가동하지 않은 계획예방 정비 중인 기간을 제외하고 δT는 7~12℃에 달하며, 특히 자연 수온이 높은 여름에는 복수기를 통과한 냉각수의 온도가 30℃ 이상에 이르게 된다.

전세계적으로 많은 발전소에서는 수문학적 요인 때문에 발전소에서 배출된 물이 취수구로 재순환되는 경우가 있고, 그 결과 냉각 계통의 수온 상승(δT)이 비교적 일정하더라도 주변의 자연 수온과 방출되는 최고 수온과의 차이는 예상치 보다 커질 수 있다.

반면에 냉각탑을 사용하는 영국의 2000 MWe 발전소의 경우 여름에 취수 온도가 높고 냉각탑에서 온수를 냉각하는데 적합하도록 건조한 날씨가 되면 배출수의 δT가 0℃이거나, 경우에 따라 -1℃ 또는 -2℃가 되기도 한다. 취수 온도가 높아지면 자연히 배수 온도가 높아지는데, 미국 South Carolina 주의 Savannah River

원자력발전소에서는 배출수 온도가 50℃를 넘기도 하고, 온배수를 받는 수역의 온도가 보통 35~40℃가 된다(Gibbons & Sharitz, 1974).

유럽에서는 유고슬라비아의 강에 위치한 발전소와 제강공장 부근에서 45℃의 온도가 측정된다. 물론 몇 제강공장이나 방직공장의 배수 온도가 60℃에 달하는 경우도 있지만, 그 배출량은 발전소와 비교하여 볼 때 훨씬 적다. 유리공장의 배수 온도 역시 43~45℃에 이르고, 탈염공장의 배수 온도는 자연 수온보다 15℃까지 상승하기도 한다.

지금까지 조사된 자료를 종합해 볼 때 발전소에서 배출되는 냉각수의 온도는 지역에 따라 달라서, 한대 지역의 약 12℃로부터 아열대 또는 열대 지역의 42℃까지 넓은 범위로 나타난다. 온대 지역에서는 여름철 최고 수온이 30~38℃의 범위를 보이고, 위도에 따라 그리고 냉각 계통의 설계에 따라 최고 온도가 40℃를 넘는 경우도 있다.

2.4.3 장기적 변동

발전소에서 배출되는 냉각수의 최고 온도는 주변 수온과 전력 수요에 따라 변화된다. 온배수의 δT와 배출량 역시 계절에 따라 변할 수 있고, 아울러 전력 수요에 따라 바뀔 수 있다. 위도와 기후는 최고 배수 온도뿐만 아니라 그 시기를 좌우한다. 이를테면 영국에서는 겨울보다 여름에 전력 수요가 적어서, 여름에는 발전소들이 절반 또는 그 아래의 출력으로 가동하게 된다. 그렇지만 아열대와 열대 지방에서는 냉방시설과 냉장고 가동이 최대가 되면서 여름철 전력 수요가 최대에 달한다. 따라서 아열대와 열대 지방에서는 높은 자연 수온과 높은 출력 때문에 온배수를 받는 주변 서식처의 온도 효과가 극대화된다.

장기적으로는 연료비 또는 정책과 같은 요인 역시 방출 온도에 영향을 줄 수 있다. 이를테면 영국에서는 유류를 전소시키는 대용량 발전소가 1970년대 초까지 끊임없이 전부하 수준으로 운전하는 기저 부하(基底負荷, base load) 발전을 하였다가 이제는 단속적으로 가동하고 있는 반면에, 1970년대에 사용이 감소하였던 석탄 전소 화력발전소는 이제 전부하 수준으로 운전되고 있다.

최근 많은 나라에서는 원자력발전에 기저 부하를 분담시키고, 화석 연료를 사용하는 발전소는 단시간에 요구하는 첨두 부하(尖頭負荷, peak load)를 분담시키는 추세에 있다. 따라서 원자력발전소에서 배출되는 냉각수의 온도는 화력발전소의 배출 온도보다 장기적으로 볼 때 훨씬 안정적이다.

2.4.4 단기적 변동

안정된 온도 체제를 갖고 있는 수체에서 온배수는 그 자신의 변동 때문에 불안정성을 초래할 수 있다. 이와는 대조적으로 기저 부하 운전을 하는 원자력발전소에서 연속적으로 방출되는 온배수는 조간대(潮間帶, intertidal zone)와 같이 불안정한 서식처의 온도를 안정시킬 수도 있다. 따라서 정상적인 조간대의 일 변화 10~15℃ 대신 온도의 변화 폭이 1~2℃ 가량으로 줄어들 수 있다. 연간 변화 폭 역시 온대 지방에서 30℃ 이상으로부터 20℃ 미만으로 감소할 수 있다.

서식처는 다른 방법으로 변화될 수도 있다. 예를 들어 배수는 기질을 계속 물에 잠기는 효과를 초래하여, 배출구 주변의 조간대 성질을 사라지게 한다. 뿐만 아니라 온배수의 빠른 유속은 부드러운 연성 저질(軟性底質, soft substrate)을 훑어냄으로써 서식처를 상당히 변모시킨다.

첨두 부하 발전소와 같이 부하 변동에 따라 단시간 운전하는 발전소에서는 출력의 증감에 따라 배출수의 온도와 체적이 변동된다. 이를테면 영국의 남부 해안에 위치한 Fawley 발전소에서는 낮보다 밤에 출력이 낮아지면서 배출수의 온도가 6℃ 가량 감소하기도 한다. 많은 발전소에서는 밤에 완전히 가동을 중지하고, 그 결과 배출구 주변 온도의 일 변화가 정상적인 서식처의 하루 최대 변동폭 1~2℃보다 훨씬 큰 8~10℃에 이르기도 한다. 부하 변동에 따라 단시간에 첨두 부하를 담당하다보면 짧은 시간, 즉 하루 중 2~4시간 단속적으로 온배수를 방출하는 경우도 있다.

따라서 어느 한 발전소의 배수 온도는 장기적 및 단기적으로 변화할 수 있고, 그 추세를 예견할 수 없기도 한다.

2.5 온배수가 서식처 온도에 미치는 효과

지금까지 논의한 온배수의 체적, 온도 또는 성질이 어떻든지 간에 온배수의 궁극적인 생태적 중요성은 냉각수를 받는 서식처에 미치는 온배수 효과의 정도에 좌우된다. 온배수의 관점에서 볼 때 서식처에서 생태적으로 중요한 부분은 물기둥(水柱, water column)과 기질(基質, substrate)인데, 그것은 거의 모든 생물들이 이들 구역에서 발견되기 때문이다. 그럼에도 불구하고 온배수 확산역의 온도 측정은 대부분 물기둥에서만 이루어지고 있다.

수온 상승역이 영향을 미치는 서식처 또는 구역을 판단하는 가장 중요한 방법은 배출구에서 벗어난 온배수의 동태를 파악하는 것이다.

먼저 호수의 경우 자연적인 물의 흐름은 주로 바람에 의하여 일어나고, 그 유속은 온배수가 방출되는 속도보다 대체로 느리다. 따라서 호수에서는 온배수 확산역의 크기, 모양 그리고 방향이 주로 바람에 의하여 변화한다. 또한 호수에서는 자연적으로 성층 현상이 일어날 수 있으므로, 온배수를 방출하는 수심이 물기둥과 기질에 미치는 효과를 결정짓는 중요한 요인이 된다.

바다에 있어서 온배수 확산역의 동태는 대체로 호수의 경우와 비슷하다. 그렇지만 호수와는 달리 해수면의 상승과 하강이 규칙적으로 일어나면서 생기는 조류(潮流, tidal current)에 의하여 온배수 확산역의 방향은 다소 규칙적이며 예상 가능한 변화를 나타낸다(그림 2-3).

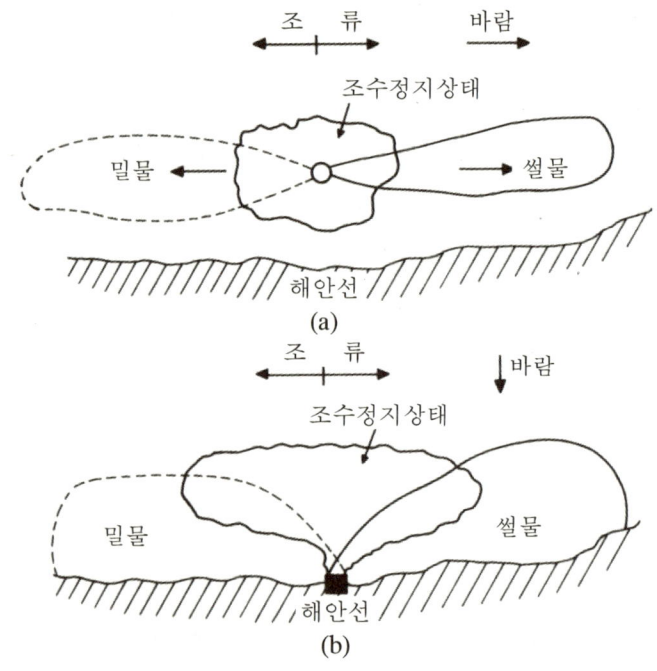

그림 2-3. 조석의 간만에 따른 온배수 확산역의 변동
    (a) 연해 배출 (b) 해안 배출

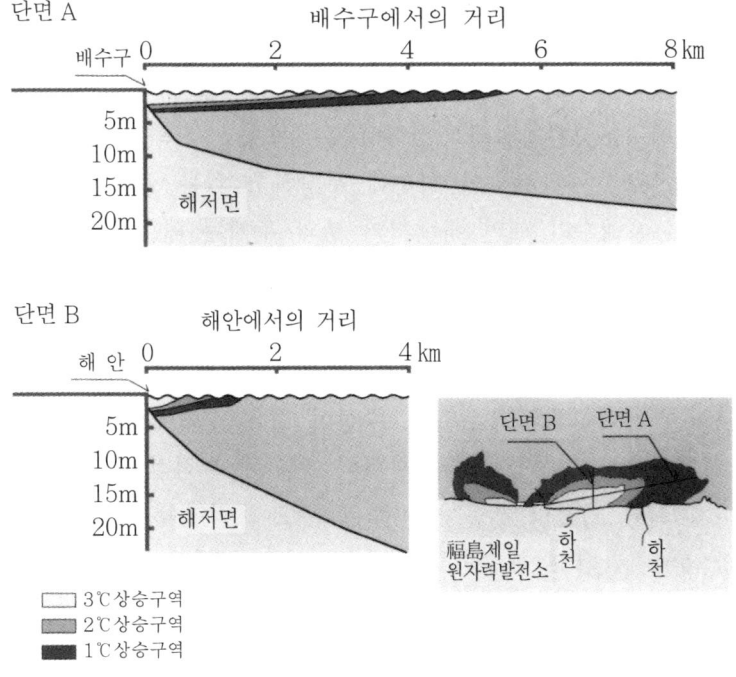

그림 2-4. 일본 후쿠시마(福島)현의 후쿠시마 제1원자력발전소 남쪽 배수구에서 방류에 따른 온배수 연직분포의 모식도(자료: 일본 후쿠시마현 온배수조사관리위원회, 1996)

그밖에 바람의 방향과 해안으로부터의 거리 역시 연해의 수온 상승역이 해안에 영향을 미치는 정도를 결정짓는다. 해안에서 방출하는 경우, 밀물 시에는 수온 상승역이 해안을 덮게 된다. 수온 상승역의 성층이 나타나지만, 탁 트인 연안에서는 거친 바다 상태에 의하여 성층이 쉽게 사라진다. 경우에 따라서는 배출구 주변에서 따뜻한 물이 부상하여 층을 형성하며 물에 뜬 기름과 마찬가지로 파도를 잔잔하게 만들기도 한다.

그림 2-4는 일본 후쿠시마(福島)현의 원전단지 주변 해역에서

조사선박에 의한 온배수 수직분포 조사결과와 비행기를 이용한 적외선 스캐닝 촬영에 기초를 두고 온배수가 해면 하에서 어떠한 상태로 확산되는 지를 모식적으로 표시한 것이다(일본 후쿠시마현 온배수조사관리위원회, 1996). 온배수는 주위의 해수보다 가볍기 때문에 주위 해수의 상층에 부상하고 있는 형태로 확산되어 간다. 온배수의 해면 하에서의 층의 두께는 배수구로부터 멀리 떨어짐에 따라 차츰 층이 얇아지며, 해면 아래 4 m에서는 거의 찾아 볼 수 없었다.

한편 온배수가 기질의 온도에 미치는 효과는 물의 깊이와 배출구의 설계에 따라 좌우된다. 수심이 얕은 수역에서 표층 배수를 하게 되면 그 영향이 극대화된다. 연안에서 직접 냉각수를 배출하게 되면 기질의 생물들은 높은 온도에 직면할 뿐만 아니라, 항상 물에 잠기고 배수의 빠른 유속으로 말미암아 기질로부터 제거될 가능성이 있다.

2.6 온도와 혼합 구역

모델링을 통한 확산 예측 연구에서는 온배수 확산역을 근역(近域, near-field), 중역(中域, mid-field) 및 원역(遠域, far-field)의 세 가지로 구분하고 있다. 확산역 전체는 혼합 구역(mixing zone)으로 간주하는데, 이것은 온도가 감소하고 열이 손실되며, 따뜻한 물이 주변의 차가운 물에 의하여 서서히 희석되는 곳을 가리킨다.

배출구와 바로 인접한 근역에서는 혼합이 거의 일어나지 않고, 열에 의한 효과가 가장 크다. 해안에서 떨어진 곳 가운데 빠른 조류와 바람에 의한 난류가 혼합과 불균질 상태를 야기할 수 있는 곳의 수면에 배수를 방출하는 경우에는 근역이 적용되지 않는다. 이러한 불균질 상황에서는 더운물과 차가운 물 덩어리들이 충분히 혼합되지 않더라도 직접 접촉하게 된다. 중역에서는 온도의 하강과 혼합이 빠르게 일어나지만, 확산역은 응집 상태의 실체를 계속 유지한다. 원역에서는 주변의 온도보다 대체로 $0.5℃$ 미만으로 높고, 주변의 차가운 물이 이보다 약간 따뜻한 배수와 혼합하는 구역이다. 이와 같은 잔열은 배출구로부터 수 km 떨어진 곳에서 발견되기도 한다.

'혼합 구역'의 개념은 주로 법률 제정에서 사용되었고, 주변 수역과 관련하여 구역의 크기를 한정하여 왔다. 이 구역의 체적에 관한 한 온배수의 확산역은 근역 및 중역과 다소 동일시된다. 원역이 생태계에 미치는 영향은 상세하게 연구되지 않았으며, 대부분의 수역에서는 생태적 중요성이 거의 없는 것으로 간주될 수 있다. 혼합 구역 또는 확산역의 공간적 범위는 부지마다 다르지만, 혼합 구역의 크기와 범위는 주변 수역과 관련한 배출량, 기후, 가동 조건, 배출구의 설계 및 위치 등 많은 요인들에 의하여 좌우된다(그림 2-5).

혼합 구역의 경계가 그 정의와 관련하여 설정되기도 하지만, 생태적 관점에서 볼 때 주변보다 온도가 $0.5℃$ 이상 높은 물의 체적은 혼합 구역 또는 확산역의 범주에 드는 것으로 간주할 수 있다. 그렇다 할지라도 $0.5℃$의 δT는 일부 극단적인 열대 조건을 제외하고는 거의 생태적 중요성이 없으므로 그 경계는 다소 임의적이다.

혼합 구역의 범위와 면적은 어느 한 부지에서조차 변화하고(그림 2-5), 부지의 위치에 따라 크게 변화한다. 5000 MWe 원자력 발전소를 예로 들어 볼 때, $1℃$ 또는 그 이상 상승하는 면적은 탁 트인 연안의 $32\,km^2$로부터 불충분하게 분산하는 곳의 100

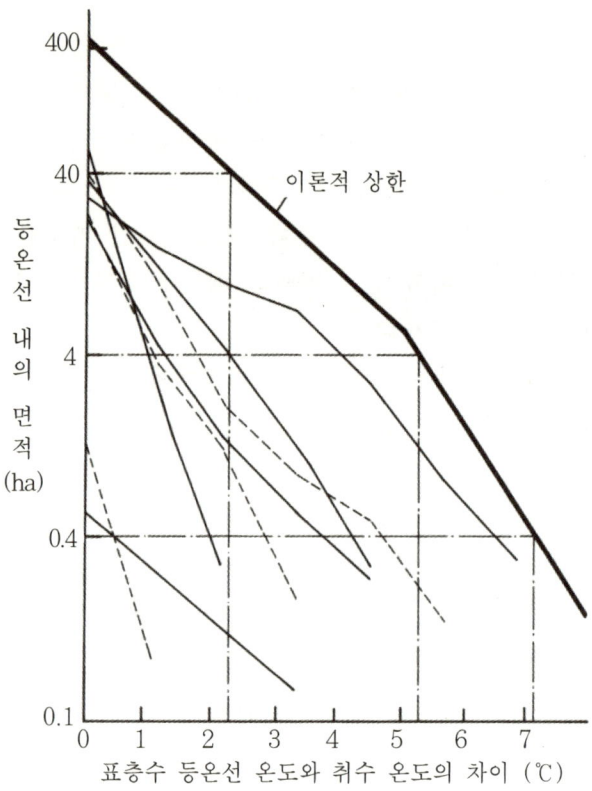

그림 2-5. 미국 California 주 Moro Bay 발전소에서 9회 조사된 표층 수온 상승과 영향역과의 관계

km^2에 이르기까지 다양하다. Adams(1969)에 따르면 California 주의 연안에 세워진 23곳의 발전소는 총 발전용량이 16,982 MWe이며 주변의 자연 수온보다 1.2℃ 이상 상승하는 확산역의 평균치는 1500 ha로 계산되었다. 이 가운데 약 105 ha는 5.5℃ 이상이었다. 그림 2-6은 미국과 영국의 발전소들에서 조사된 자료를 바탕으로 표시한 전력생산량당 2°F(1.1℃)와 10°F(5.5℃) 이상 온도가 상승하는 확산역을 보여 준다. 관류 냉각 방식의 발전소들에

서는 간접 냉각 방식 또는 냉각탑을 사용하는 경우와 비교하여
훨씬 넓은 면적의 확산역이 형성된다.

호수와 바다 모두에서 온배수가 성층되면서 따뜻한 물이 넓은
면적에 걸쳐 분포하기도 하지만, 기질에 미치는 효과는 배출구
주변의 아주 적은 면적에만 국한된다. 해수면의 상승과 하강이
규칙적으로 일어나는 곳에서는 온배수 확산역이 조석에 따라 이
동하거나 차가운 물이 배수로 유입됨에 따라 서식처의 온도가
주변의 자연 수온으로부터 냉각수가 방출되는 온도에 이르기까
지 상승과 하강을 하루에 두 차례씩 반복하는 변화에 직면한다.

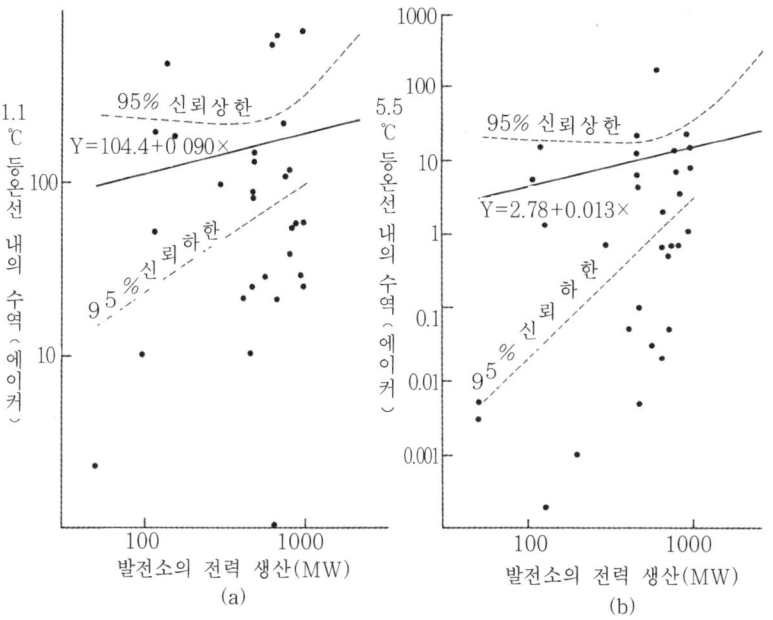

그림 2-6. 미국과 영국에서 온배수에 의하여 2°F(1.1℃)와 10°F(5.5℃) 이상
상승하는 수역의 면적을 발전소의 최대 출력에 따라 나타낸 그래프
(a) 2°F 이상 상승하는 면적 (b) 10°F 이상 상승하는 면적 [회귀직
선의 방정식은 에이커(acre)와 화씨온도(°F)로 계산되었으며, 헥타
르(ha)로 치환하려면 2.47로 나누면 된다.)

3. 방출 속도의 효과

주변 수역으로 들어가는 배수의 속도는 배수의 체적, 배출구의 단면적 및 정수역학 수두(hydrostatic head)와 관련이 있다. 온배수의 방출 속도는 대체로 $0.5 \sim 2.0 \, \mathrm{m \, s^{-1}}$의 범위이다. 방출 속도와 관련한 상세한 내용은 유체 역학이나 수리학 관련 교재를 참고하기 바란다. 다만 방출 속도가 생태적으로 미치는 효과는 다음과 같은 두 가지가 중요하다.

먼저 온배수가 방출되는 속도는 부드러운 기질을 제거하거나 훑어낼 정도로 빠르다. 한편 온배수가 빠르게 분사되면 배출구 주변에서 물의 흐름을 일으키고, 때때로 이 흐름은 자연적인 물의 흐름과 다른 방향 또는 다른 속도로 움직이게 된다. 더욱이 역류(逆流, contra-flow)에 따라 수괴의 교란도 일어난다.

3.1 퇴적물

수중 서식처에서 고착성 식물상과 동물상의 조성은 많은 요인들에 의하여 좌우되지만, 그 가운데 기질을 이루는 퇴적물의 성질과 안정성 그리고 조성이 특히 중요한 요인이다. 기질 퇴적물의 조성은 조류 또는 파도와 같은 물의 운동에 의하여 결정된다. 일반적으로 유속이 빠르거나 파도가 거세질 수록 바닥을 구성하는 기질의 입자가 굵어지게 된다.

따라서 온배수가 연안을 가로지르거나 얕은 물에서 방출되면 온배수가 지나가는 물길에 있는 퇴적물을 변화시키게 된다. 영국 Wales의 Pembroke 발전소에서는 온배수가 해안을 가로질러 방류

표 2-2. 유속의 변화에 따라 움직이는 기질 입자의 지름과 기질 유형

유속 (cm s^{-1})	움직이는 입자의 지름 (mm)	기질의 유형
10	0.2	개흙
25	1.3	모래
50	5	자갈
75	11	굵은 자갈
100	20	조약돌
150	45	작은 돌
200	80	돌
300	180	둥근 돌

(자료 : Maitland, 1990)

되면서 고운 퇴적물이 제거되고 그 밑의 진흙과 암반이 노출되었다(Coughlan, 1969). 영국 남동부의 Bradwell 발전소 배출구 부근에서도 발전소 건설 이후 퇴적물의 변화가 관찰되었다(Bamber & Henderson, 1981).

표 2-2는 유속이 변함에 따라 움직일 수 있는 기질의 입자를 보여 준다. 그렇지만 이 표에서 제시된 유속보다 느린 방출 속도라도 더 큰 입자를 움직일 가능성이 있다. 깊은 수역의 수면에서 온배수를 방출하면 퇴적물에 큰 효과를 주지 않을 것으로 예상되지만, 건설 단계에서 또는 새롭게 건설된 구조물 주변에서 물의 흐름이 바뀌는 결과로 말미암아 퇴적물이 다소 교란받을 수 있다. 그러나 이와 같은 온배수의 방출이 퇴적물에 미치는 효과를 정량적으로 연구한 결과는 별로 찾아 볼 수 없다.

3.2 물의 흐름

주변 수역에서의 물의 흐름과 관련하여 볼 때 냉각수 방출 방식의 설계와 배수의 규모 및 방향에 따라 난류(亂流, turbulence)의 정도가 좌우된다. 배출구 부근에서는 수체들이 부딪치고 혼합되면서 국부적으로 와류(渦流, eddy)와 환류(環流, gyre)가 형성될 수 있다. 난류의 정도는 생태적으로 중요하다. 그것은 난류가 수중 용존가스에 영향을 미칠 뿐만 아니라 수중동물이 자신의 체위를 특정 방향으로 능동적으로 정하는 정위(定位, orientation) 또는 방향 탐지에 영향을 미치기 때문이다.

다른 한편으로 온배수가 분사되거나 표층으로 배수될 때 야기될 수 있는 강한 수류는 회유 어류와 같은 이동성 동물의 방향 감각을 혼란시킬 가능성이 있다.

제3장

온배수의 화학적 특징

1. 온배수의 화학적 성질에 영향을 미치는 요인들

온배수의 화학적 조성은 취수하는 물의 조성, 냉각 계통의 유형과 설계 그리고 물 처리에 사용하는 화학물질에 따라 좌우된다. 한편 온배수가 주변 수역의 화학적 성질에 미치는 효과는 구성 성분의 초기 농도와 이들이 확산되고 분산되거나 붕괴되는 비율 그리고 난류 또는 열과 같은 물리적 요인에 기인하는 화학적 변화에 따라 좌우된다.

온배수의 화학적 성질과 관련하여 식물상과 동물상에 중대한 영향을 미칠 수 있는 성분을 선정하기란 쉽지 않다. 그렇지만 염소, 중금속, 기름과 그 분산제, 그리고 방사능과 같은 오염물이 수생생물에 미치는 영향에 대하여는 비교적 많은 연구가 수행되었다. 따라서 여기에서는 이들 오염물의 효과와 산소 및 다른 용존가스와 같은 화학적 요인의 변화에 미치는 효과에 높은 온도와 온배수의 다른 물리적 특성이 첨가되는 특이적 영향에 관하여 살펴보기로 한다.

1.1 취수하는 물의 조성

화력발전소 또는 원자력발전소에서 사용하는 냉각수의 대부분은 지표수(地表水, surface water)가 풍부한 곳에서 추출한다. 자연의 지표수는 지형, 지질 및 기후에 따라 그들의 화학적 조성이 엄청나게 변화한다. 모든 지표수 가운데 탁 트인 바다는 화학적으로 가장 안정된 지표수라고 간주된다. 그렇지만 여기서 주로 다루고 있는 근해(近海, nearshore) 수역은 강물이나 하천수가 유입되고 한편으로는 오염되면서 물의 화학적 조성이 변화한다.

수역에서는 아주 작은 지리학적 구역 내에서도 화학적 변화가 일어난다. 뿐만 아니라 어느 한 수체 내에서도 시간적으로 그리고 공간적으로 변화가 일어나며, 이러한 변동은 냉각에 사용되는 물의 화학 조성에 영향을 미친다. 공간적 이질성 가운데 가장 보편적인 현상은 정지수에서 일어나는 성층(成層, stratification) 현상이다. 물리적 또는 열적 성층과 병행하여 화학적 성층(chemical stratification)이 일어나기 쉽다. 유속이 빠른 수역에서는 지류 또는 물의 성질이 다른 배수가 유입되는 곳에서만 공간적 이질성이 나타난다.

물의 화학적 성질의 시간적 변화는 산소와 기타 가스 농도의 일 변화와 같은 규칙적인 현상의 결과로 일어나기도 하고, 아니면 강물이 범람하거나 단속적인 오염과도 같이 불규칙적인 현상의 결과로 일어나기도 한다.

하구(河口 또는 汽水區域, estuary)는 화학적 측면에서 시간적 및 공간적으로 가장 불균질한 수역이다. 왜냐하면 하구에서는 조석에 따라 규칙적으로 담수와 해수가 번갈아들며, 여기에 기후 조건과 혼합 과정의 효과가 첨가되기 때문이다. 바다에서는 상부의 표층에서 산소의 일 변화가 일어날 수 있고, 대부분의 해양에서는 매우 뚜렷한 열적 성층과 화학적 성층이 특징적으로 일어난다. 대부분의 지표수에서는 식물플랑크톤 대증식과 같은 생물학적 활동의 결과에 따라 화학적 성질이 계절 변화를 보인다. 냉각수로 사용되는 많은 지표수가 다른 많은 오염원과 화학물질에 의하여 오염되기 쉽다.

결론적으로 취수하는 물의 초기 조성은 시간과 공간 모두에서 상당히 변화하기 쉽다. 냉각 계통이 이러한 물에 미치는 영향을 예측하기 위하여는 물이 지니고 있는 화학적 성질의 변화 양식을 상세하게 이해할 필요가 있다.

1.2 냉각 계통의 설계와 위치 선정

표층수의 화학적 성질이 시간적 그리고 공간적으로 변화하기 때문에 취수구와 배수구의 위치는 방출되는 냉각수의 화학적 특성과 주변 수역에 미치는 효과를 결정짓는 중요한 요인이 된다.

예를 들어 성층된 수역의 깊은 곳에서 물을 취수하게 되면 영양소가 풍부하고 산소가 결핍된 심수층(深水層, hypolimnion)의 물이 취수되고 수온이 상승된 배수 역시 영양소가 풍부하며 냉각 계통을 통과하면서 통기(aeration)된다. 이러한 배수는 비교적 영양소가 빈약한 주변 수역의 표층에서 현저한 영향을 미칠 수 있다.

배수구가 위치한 수체와 화학적 조성이 다른 수체에 취수구가 위치할 수도 있다. 예를 들어 영국 남부 해안에 위치한 Fawley 발전소에서는 비교적 부영양화된 만(Southampton Water)에서 냉각수를 취수하여 다소 덜 부영양화된 해협(the Solent)으로 온배수를 방출한다. 그 결과, 일년 중 많은 날에 해협에서 색깔이 다른 온배수 확산역을 눈으로도 식별할 수 있다.

냉각 계통 내에서 일어나는 물리적 과정들은 냉각수의 화학적 변화를 유발한다. 직접 냉각 방식과 간접 냉각 방식 모두에서 펌프 또는 사이펀(siphon)을 지나는 동안 압력이 1~2 기압 변화하면서 물의 기체 용해도를 변화시키는 한편, 냉각 계통 내의 난류는 공기와 물 사이의 가스 교환을 촉진시킨다. 냉각 계통을 거치는 동안 온도가 8~10℃ 상승하는 것도 기체의 용해도에 영향을 미치는데, 대부분의 가스는 낮은 온도에서보다 높은 온도에서 덜 용해된다. 이를테면 수온이 5℃에서 30℃로 상승하면 산소의 용해도는 절반 가량으로 줄어들고, 이산화탄소는 2.5배 줄어든다. 다른 한편으로 수온의 상승은 화학 작용과 생화학 작용의 반응 속도를 증진시킨다.

1.3 냉각수 처리와 첨가물

냉각 계통의 효율을 저감시키는 세 가지 주요 과정은 물때 (scaling), 오손(汚損, fouling) 및 부식(腐蝕, corrosion)이며, 이들 모두 화학적으로 처리하게 된다.

물때는 파이프 또는 속도랑(暗渠, culvert)의 내부와 열 교환기의 표면에 형성되며, 주로 탄산칼슘으로 구성되고 세척제 존재 하에서는 인산칼슘으로 구성된다. 이들은 주로 농도를 조절하거나 산을 첨가하여 pH를 조절함으로써 처리한다. 냉각수에 황산이나 경우에 따라 염산, 질산, 이산화황 또는 염소를 주입하여 pH를 조절함으로써 칼슘염의 용해 상태를 유지시켜서 칼슘염의 침전을 막을 수 있다. 그렇지만 pH 7 미만의 조건에서는 금속 표면이 부식될 수 있고 이러한 부식을 방지하기 위하여는 방지제를 첨가하여야 한다. 이러한 방지제로는 다중인산염(polyphosphates)과 크롬산염(chromates)의 혼합물 또는 다중인산염과 과황산염(persulphates)의 혼합물을 사용하여 왔는데, 이들은 상승 작용을 통하여 금속 표면에서 얇은 보호막을 형성하게 된다.

부식은 물리적, 화학적 또는 생물적 작용에 의하여 비롯되거나 악화될 수 있다. 냉각수에 포함되는 퇴적물은 금속 표면을 부식시켜서 해수 또는 산성의 담수가 침투하는 발판을 마련한다. 염기성인 물이라 할지라도 금속 표면막의 틈에서는 전기화학적 작용이 일어날 수 있다. 따라서 다양한 물질의 부식 방지제가 사용되고 있는데, 앞서 언급한 물질 외에도 페리시안화물(ferricyanides), 질산염, 구리염, 염소산염, 과망간산염 황산제일철(permanganates ferrous sulphate)이 사용되었고, 최근에는 헤테로고리 아민화합물(heterocyclic amino compounds)과 헵탄염(heptonates)과 같이 독성이 덜한 아연화합물이 사용되고 있다. 이렇게 용액 중의 유리 이온의 침강을 막는 물질과 분산제가 유기아연화합물과 혼합되면 7.0 이상의 pH에서도 산을 처리할 필요 없이 아연이 용해 상태를 유지한다. 물때, 오손 및 부식을 억제하는 방법들은 공급되는 냉각수의 화학적 성질에 따라 상호 유효적일 수도 있고 길항적일 수도 있다.

이러한 모든 처리 과정 가운데 냉각수 방출이 생태적으로 미치는 가장 중요한 효과는 생물 오손(生物汚損, biological fouling)의 제거 및 방지와 관련된 과정들이다.

1.4 생물 오손과 조절

1.4.1 생물 오손의 원인

일반적으로 오손은 생물체가 표면에서 생장하고 정착하면서 생기는 것으로 간주되지만, 실제로 많은 오손 퇴적물에는 유기 성분과 무기 성분 모두가 포함된다. 생물이 부식을 일으키는 가스를 생성하고 생물 자신이 물때 퇴적물에 달라붙거나 퇴적물에 의하여 생기는 와류역에 거점을 마련한다는 점에서 오손, 물때 그리고 부식 현상은 서로 매우 밀접한 관계가 있다. 발전소에서는 주(主) 냉각 회로와 보조(補助) 냉각 회로 모두 오손될 수 있으므로 처리가 필요하다. 오손은 담수를 사용하는 냉각 계통과 해수를 사용하는 냉각 계통 모두에서 일어나지만, 해양의 오손이 더욱 흔하고 전세계적으로 나타나는 현상이다. 표 3-1은 미국 발전소에서 조사된 주요 오손 생물들을 보여 준다.

오손 방지를 위한 처리는 주로 생물들이 봉쇄하거나 열 전달 효율을 떨어뜨리는 복수기의 열 교환기 표면과 속도랑(culvert) 내부 또는 냉각탑 내부의 표면에서 이루어진다. 복수기에서는 세균(細菌, bacteria), 균류(菌類, fungi) 또는 조류(藻類, algae)들이 유기막을 형성하고, 여기에 무기물질들이 뒤섞이면서 점질(粘質, slime)이 형성된다. 냉각탑 회로에서는 주로 남조세균(藍藻細菌, cyanobacteria)이라 부르기도 하는 남조류(藍藻類, blue-green algae,

표 3-1. 미국에서 가동되는 발전소에서 조사된 오손 생물

생 물	발전소의 수	%
미세 오손		
점질/조류	105	30
점 질	32	9
조 류	85	24
계	222	63
거시적 오손		
히드로충	25	7
따개비류	11	3
담 치 류	56	16
조 개 류	34	10
굴/조류/따개비	7	2
계	133	37

(자료 : Mattice, 1985)

Cyanophyceae)와 녹조류(綠藻類, green algae, Chlorophyceae)에 속하는 조류들이 목재 구조에 조밀하게 자라고, 경우에 따라서는 심각한 사태가 일어나기도 한다.

연안에 건설된 발전소의 속도랑과 보조 냉각 회로에서는 다양한 종류의 연체동물들이 발견되지만, 전세계적으로 가장 심각한 오손 문제를 일으키는 생물은 담치류(*Mytilus* spp.)이다(Whitehouse *et al.*, 1984). 미국에서 연구된 29개 발전소 가운데 13곳에서는 복수기 내의 미생물에 의한 점질이 가장 흔하고 중요한 문제로 나타났지만, 8개 발전소에서는 대형 무척추동물들이 속도랑에서 심각한 봉쇄를 일으켰다(Chow & Kawaratani, 1983).

1.4.2 오손 방지 처리

점질과 조류의 오손을 방지하는데 있어서 가장 간단하면서도 가장 널리 사용되는 방법은 황산구리, 수은화합물, 과망간산염, 페놀 또는 산화제와 같은 활성 화학약품을 처리하는 것이다. 대형 무척추동물을 방지하는 데에는 염소화합물이 포함된 화학약품이 흔히 사용되고, 브롬과 같은 산화제도 이용된다(표 3-2).

염소는 독성이 강하고 신속하게 작용하며 경비가 비교적 적게 든다. 염소는 담수와 해양의 냉각 계통 모두에서 효과적일 뿐만 아니라, 미세 오손(微細汚損, microfouling)과 거시적 오손(巨視的 汚損, macrofouling) 모두 효과적으로 처리한다. 그러나 다른 모든 약품 처리의 경우와 마찬가지로 염소는 냉각 계통을 거쳐 주변 수역으로 방출된다. 염소가 보편적으로 사용되고 독성이 강하기 때문에 염소와 그 유도체들은 대부분의 온배수에서 치명적인 성분이고, 따라서 온배수가 생물에 미치는 효과를 평가하는데 있어서 가장 중요하게 고려되어야 한다.

오손을 제거하는 다른 방법으로는 열 처리 방법이 있는데, 이것은 복수기 출구에서 냉각수를 취수구로 보내서 높은 온도의 물이 취수구의 속도랑을 지나게 하는 방법이다. 이 방법은 1920년대에 영국 Scotland의 발전소에서 속도랑의 오손을 처리하는데 처음으로 사용되었다. 이렇게 오손 생물을 제거하려면 약 40℃의 온도가 요구되고, 경비가 많이 소요된다. 아울러 정상적으로 방

표 3-2. 염소 처리의 대안으로 사용하는 오손 처리 화학약품과 오손 방지 기법

오손 처리 화학약품	비화학적 오손 방지 기법	오손 처리 화학약품의 독성 제거
산화제	열 처리	활성탄
브롬	단일 및 이중관 복수기	통기
브롬염화물	운용 (역흐름)	황산나트륨과 아황산나트륨
이산화염소	흡열	이산화황
과산화수소	비열에너지	
요오드	감마선 조사	
오존	자외선 조사	
과망간산칼륨	초음파 진동	
비산화제	수력	
아크롤레인	속도 변화	
비산염과 아비산염	물 분사 세척	
암모니아와 아민	기타	
시안화물	인력 청소	
금속(염)	삼투 조절	
유기금속	무산소수	
염소화페놀		
전매약품		
기타		
복수기를 생물에 유독한		
물질에 담그기		
오손 방지제 도장		

(자료 : Chow & Kawaratani, 1983)

출되는 온배수보다 높은 온도의 배수가 단속적으로 방출되기도 한다. 그렇지만 경비가 많이 든다는 단점에도 불구하고 독성을 지닌 오손 방지 처리에 반대하는 의견이 많아서 최근에는 몇 발전소에서 열 처리 방법을 사용하고 있다.

속도량을 정체 상태로 만들어 오손 생물들을 죽일 수 있는데, 이 방법은 속도량에 물을 채우고 오랜 기간 사용하지 않은 채 방치하는 것이다. 이러한 정체 상태에서는 산소가 결핍되기 때문에 오손 생물들이 죽게 된다. 그렇지만 결국에는 고인 물과 죽은 연체동물의 껍질을 제거해 주어야 하므로, 이 방법은 경비가 많이 소요되고 그다지 효과적인 방법이 아니다. 작은 규모의 냉각 계통이라면 표면에 페인트칠하는 것도 효과적일 수 있지만, 발전소와 같이 대규모 냉각 계통에서는 별로 사용되지 않는다.

그밖에 냉각 회로에 가해지는 화학물질로는 목재의 부패를 방지하는 살균제(殺菌劑, fungicide)와 퇴적물이나 유기 입자들이 열교환기 표면에 침적하기 전에 이들을 엉기어 내보내는데 사용하는 엉김제(flocculant) 등이 있다.

1.5 기타 오염물

대규모 산업 시설에서는 하수, 보일러 청소 찌끼, 재(ash) 방출, 연료 저장시설의 배수 및 방사성 폐기물 등이 냉각수와 별도로 또는 냉각수에 희석되어 방출되기도 한다. 비록 그 양은 많지 않지만 이들은 배수 중의 열이 생물에 미치는 효과를 악화시키는 오염물로 작용할 수 있다. 따라서 많은 나라에서는 관련 법규를 제정하여 유독한 오염물이 방출되기 전에 그 대부분을 제거하도록 의무화하고 있다.

먼저 건설 단계가 종료되면 500명의 직원이 근무하는 시설에서 하루에 대략 $44 \sim 66 \times 10^3$리터의 하수가 냉각수와 함께 또는 별도로 방출된다. 물론 이 하수는 대체로 처리 시설을 거치게 되므로 배수가 주변 수역의 화학적 성질에 미치는 영향은 극히 적다.

증기를 발생하는 대형 보일러에서는 관벽에 부착되는 불순물과 부식을 방지하기 위하여 무기질과 가스의 약 99.998%를 제거한 순도가 매우 높은 물을 사용한다. 보일러 급수의 처리 과정은 가열, 증류 또는 양이온 - 음이온 교환(cation-anion exchange)이 있다. 이온 교환 수지(ion-exchange resin)는 이따금 진한 염화나트륨이나 황산으로 재생시켜주며, 여기서 발생하는 폐기물이나 사용한 재생 용액들이 냉각수와 함께 또는 따로 방출될 수 있다. 보일러를 운전하면서 형성될 수 있는 물때, 침전물, 무기질 그리고 금속 이온과 같은 불순물들을 제거하기 위하여 보일러 저부로부터 이따금 추출(blowdown)하게 되는데, 이 또한 냉각수에 포함되어 방출되기도 한다.

화력발전소에서 석탄을 쌓아올린 더미에서는 부유물질, 황산이나 기타 산(acid)들, 염화나트륨, 알칼리와 중금속 이온 등이 포함된 배수가 스며 나온다. 이들 각각의 조성은 석탄의 조성에 따라 달라지게 된다. 석탄 더미의 침출수에는 40 가지 이상의 성분이 포함되어 있고, 이들은 주변 수역에 다소 영향을 미칠 수 있다.

김과 이(1988)는 화력발전소에서 배출되는 주요 오염물질인 염산(HCl), 철($FeCl_2$), 구리($CuSO_4$)와 염소($NaCl$)가 연안 정착성 생물에 미치는 영향을 조사한 바 있다. 그 결과, 우리나라 화력발전소에서 배출되는 오염물질이 참굴, 진주담치 그리고 바지락의 초기 발생에 미치는 영향은 구리가 가장 높고, 다음으로 잔류염소, 철, 염산의 순이었다. 각 오염물질에 대한 초기 발생의 저해율은 참굴에 비하여 진주담치에서 높게 나타나고 있으나, 구리의 경우에는 참굴의 저해가 더욱 현저하였다.

최근 굴뚝을 통하여 내보내는 이산화황과 질소 산화물 등의 기체 산화물이 산성비(acid rain)의 원인이 된다고 간주하고 있으며, 이는 나아가서 세계 각지의 하천수와 호소수를 산성화시킨다고 보고되고 있다. 이에 따라 각국에서는 발전소에서의 배출을 줄이기 위하여 가스 세정기, 질소 산화물을 적게 배출하는 연소 장치 또는 탈황(脫黃, desulphurization) 시설을 갖추도록 규정하고 있다. 탈황 시설이 설치되면 이 장치에서 생기는 폐기물을 제거해 주어야 하고, 이 폐기물은 국부적으로 지표수에 심각한 영향을 미칠 수 있다.

탈황 과정에서 생기는 액체성 폐기물의 양은 과정의 종류에 따라 다르지만, 그 주된 성분은 부유물질과 중금속 이온들이고 pH 값은 대체로 3∼5의 범위이다. 영국의 경우 2000 MWe 화력 발전소의 연도(煙道, flue) 가스 탈황 장치에서는 pH 3.0 내외의 배수가 생성되고, 해수를 냉각수로 사용하는 온배수에 희석시켰을 때 하루 약 1300 mg(50억 ℓ/일)이 배출되며 pH는 약 5.6이 된다. 이러한 pH 값을 완화시켜 주지 않으면 해양과 하구의 생물

표 3-3. 비산재(fly ash) 시료 200 g을 1 ℓ의 증류수에서 3일간 진탕한 후 검출된 미량 원소

금 속	농 도 (mg/ℓ)	
	비산재 시료 1 (pH 11)	비산재 시료 2 (pH 4)
아 연	0.06	0.59
카 드 뮴	0.035	0.05
구 리	0.30	0.30
크 롬	0.21	0.04
납	0.75	0.25
비 소	< 0.2	0.5
수 은	0.0007	< 0.0001

들을 치사시키거나 생리적으로 큰 피해를 줄 수 있다.

화력발전소에서 석탄을 연소하고 남은 재(灰, ash)를 쌓아두는 침전지에서는 상청액을 주변의 지표수로 방류하게 된다. 이 방류수는 대체로 냉각수와는 별도로 배출하지만, 결국에는 온배수가 방출되는 주변 수역에서 복합 효과를 일으킬 수 있다. 표 3-3은 미국의 탄재(coal ash)에서 침출되는 주요 물질을 보여 준다. 재에 포함된 어떤 미량 금속은 그 농도가 석탄의 농도보다 100배가량 높아지기도 한다. 침전지에서 방류되는 배수가 냉각수에 혼합되어 방출되면 미량 금속의 농도가 높아지고 pH가 변화하면서 문제를 일으킬 수 있다.

2. 냉각 계통 통과에 따른 화학 변화

냉각수가 냉각 계통을 거치는 동안 가열되고 난류가 형성되는 물리적 작용으로 말미암아 냉각수의 화학 변화가 일어난다. 직접 냉각 방식과 간접 냉각 방식에서의 화학 변화는 크게 다르다. 직접 냉각 방식에서는 보충되거나 정화되지 않고 물이 흐른다. 그러나 탑을 이용한 냉각 방식이나 다른 재순환 방식에서는 물이 증발하고 따라서 이를 보충하는 결과, 발전소의 경우 냉각수의 농축 계수가 1.3~2.5의 범위로 나타난다. 냉각탑에서 물보라를 날리면 작은 물방울과 막으로 흩어지면서 통기와 가스 교환이 촉진된다. 두 가지 냉각 방식 모두에서 펌프로 물을 퍼낼 때에도 상당한 난류가 형성되며, 이 또한 통기와 가스 교환을 증진시킨다.

2.1 용존가스

금세기 중반에 발전소의 복수기 입구와 출구에서 냉각수의 용존산소 농도를 조사한 자료에 따르면 취수 농도가 $3.0\,mg\,\ell^{-1}$이하에서는 큰 변화를 보이지 않았다. 그렇지만 복수기로 들어가는 냉각수의 용존산소가 $4.0\,mg\,\ell^{-1}$이상일 때에는 감소하는 것으로 나타났으며, 상황에 따라 $0.1\sim3.5\,mg\,\ell^{-1}$의 범위로 용존산소가 감소하였다(Ross, 1954). 반면에 냉각수가 방출되는 곳에 둑이나 폭포가 있다면 방출구 부근에서 산소의 농도가 현저하게 증가할 수 있다.

직접 냉각 방식의 발전소에서 온배수 중의 이산화탄소 농도를 측정한 자료는 별로 없으나, 만일 취수되는 물의 이산화탄소 농도가 높다면 난류와 온도에 기인하여 배수되는 물에서는 그 농도가 감소할 것이다. Davies(1966)는 중탄산염(bicarbonate)의 이산화탄소가 일부 냉각 계통에서 탄산염(carbonate)으로 전환되면서 pH가 상승한다고 보고하였다. 냉각수의 pH가 감소하는 것은 대체로 물때를 제거하기 위한 산 처리와 염소 처리 때문이다.

질소는 수중에서 용해도가 낮고 기체 상태의 질소는 생물에게 있어서 그다지 중요하지 않지만, 높은 온도와 압력을 받아 어류나 무척추동물의 체액에서 과포화되는 경우는 예외이다. 압력이나 온도가 다시 떨어지면 질소 가스가 체액에서 빠져나와 색전증(塞栓症, embolism)을 일으키는데, 어류의 안구가 부풀어오르고 지느러미에 기포가 형성되는 징후가 흔하게 나타나며 기포가 혈관을 막아 어류를 죽이기도 한다.

2.2 냉각 계통의 염소 처리와 잔류 염소

온배수의 모든 구성 요소 가운데 염소는 생물학적으로 가장 중요하다. 그 이유는 먼저 염소가 생물에 유독한 물질로 가장 널리 사용되고 있으며, 다른 한편으로는 많은 경우에서 온배수가 생물에 미치는 영향이 열에 의한 것보다는 주로 염소 처리의 결과라는 사실이 명백하기 때문이다.

염소는 19세기에 살균제로 처음 사용되었고, 20세기 초에 음료수의 물 처리에 사용되었다. 1920년대 중반에 미국과 영국에서 염소를 발전소의 냉각 계통에서 오염 방지제로 사용하기 시작하였다. 처음에는 연속으로 처리하였지만, 이 연속 처리가 비경제적이라고 판단하여 단속적 주입 방식으로 대체하였다. 오늘날 염소는 세계 각국의 발전소에서 사용하는 가장 중요한 오손 방지 화학물질이다. 미국에서는 발전소에서 연간 25,000 톤 이상, 그리고 영국에서는 약 10,000 톤의 염소가 사용된다.

염소를 처리하는 방법은 크게 세 가지로 구분된다. 첫째, 염소 가스를 물에 용해시켜서 취수구 스크린 등의 주입 지점에 공급한다. 둘째, 하이포염소산염(hypochlorite) 용액을 탱크에서 주입 지점으로 직접 투입한다. 이 방법은 발전소에서 정상적인 장치가 작동하지 않는 비상사태에 또는 규모가 작은 시설에서 가장 흔하게 사용되고 있다. 셋째, 해수를 전기 분해하여 염소 가스를 발생시킨 다음, 그 용액을 취수구에 주입한다. 이 방법은 첫 번째 방법보다 훨씬 안전하고 간편하게 조절할 수 있기 때문에 그 사용이 점차 증가 추세에 있다.

담수에서는 염소의 화학 반응이 비교적 간단하여 처음에 하이포아염소산($HOCl$)이 형성되고, 이어서 수소 이온(H^+)과 OCl^- 이

온으로 해리된다. 자연 수역에서 암모니아와 암모늄 화합물의 존재 아래 클로라민(chloramine)이 형성되는데, 이 반응의 정도와 속도는 구성 요소의 상대 농도, 온도 및 pH에 따라 좌우된다. 해수에서는 염소의 반응이 매우 복잡하다. 염소가 해수에 자연적으로 존재하는 브롬이나 요오드와 같은 다른 산화제와 연속 반응을 하면서 그 과정이 복잡해진다.

폐수에서는 유리 염소(free chlorine)와 결합 염소(combined chlorine)를 구분한다. 전자는 다른 물질과 결합하지 않은 염소를 가리키고, 후자는 염소가 암모니아와 같은 다른 물질과 반응하여 클로라민을 형성하는 화학 반응의 부산물을 가리킨다. 총 잔류염소(total residual chlorine: TRC)는 이 두 가지를 합한 것이다. 해수에서는 대체로 잔류물을 총 잔류산화제(total residual oxidants: TRO)로 표시하는데, 여기에는 반응에서 생기는 브롬과 요오드 화합물이 포함된다.

자연 수역에 염소를 투입하였을 때 측정되는 TRC 값은 대체로 예상치 보다 낮아진다. 이 차이를 염소 요구량(chlorine demand)이라 부르며, 염소 요구량은 물의 조성 및 온도와 관련이 있다. 한편 어떤 반응은 즉시 일어나지만 다른 어떤 반응들은 서로 다른 기간에 걸쳐 일어나기 때문에 염소 요구량의 측정은 시간의 영향을 받게 된다. 따라서 측정할 수 있는 TRC의 양이 다소 지수적으로 감소하는 염소 붕괴(chlorine decay)의 기간이 나타나고, 이와 같은 현상은 정지된 수체에서도 일어난다. 이러한 붕괴의 궁극적인 산물은 주로 다양한 원소들의 염화물이다.

냉각에 사용되는 물의 염소 요구량은 대체로 효율적인 염소 처리를 결정짓고, 냉각 계통의 계획 단계와 설계 단계에서 결정한다. 전세계의 대부분의 발전소에서는 염소 투입 직후 측정되는 잔류물(TRO/TRC)이 물의 조성에 따라 $0.5 \sim 10.0$ mg ℓ^{-1}가 되도록 염소를 처리한다. 미국과 영국에서는 그 범위가 대체로 $1.0\ mg\ \ell^{-1}$ 이며, 복수기 입구의 잔류 염소가 $0.2{\sim}0.5\ mg\ \ell^{-1}$가 되도록 하고 있다. 염소 주입은 매 8시간마다 30분간 투입하는 단속적 투입 방식으로부터 연속적으로 투입하는 방식에 이르기까지 부지의 특성에 따라 달라진다. 해안에 건설된 발전소에서 염소를 연속적으로 투입할 경우에는 농도를 약 $0.5\ mg\ \ell^{-1}$로 유지하고, 배수에서는 유리 염소가 검출되지 않아야 하며 TRO가 최소치를 유지하여야 한다.

3. 주변 수역에 미치는 효과

3.1 산 소

자연 수역의 용존산소는 주로 표면에서 일어나는 대기와의 교환과 수생식물의 광합성에서 비롯된다. 해수에는 동일한 온도 조건의 담수보다 약 15% 적은 용존산소가 포함된다. 정상적인 평온한 조건에서는 산소 포화 값이 수온에 역비례하므로 온배수를 받는 수역에서 산소 고갈이 나타날 수 있지만, 주로 난류에 의한 효과 때문에 실제로는 산소가 고갈되지 않는다.

하천이나 호소에 비하여 바다에서 조사된 관련 자료는 별로 없다. Adams(1969)는 California 주 연안의 발전소 주변 수역에서 용존산소를 조사하여 그 효과가 크지 않다고 결론지었다. Sandstrom (1985)은 스웨덴의 Forsmark 원자력발전소 온배수의 산소 포화도는 취수하는 물보다 높다고 밝혔다. 그 차이는 주로 수온의 상승에 기인하는 것이다.

3.2 잔류 염소

배수의 염소 농도는 염소 요구량, 수온, 난류 및 희석과 같은 요인들에 의하여 좌우될 뿐만 아니라, 시간 요소가 염소의 붕괴에 중대한 영향을 미치기 때문에 염소 주입지점으로부터 배출구까지 냉각수가 흐르는데 소요되는 시간에 따라 잔류 염소의 농도가 좌우된다. 단속적으로 염소를 투입하면 배출구의 TRC는 시간에 따라 일정한 값이 나타나는 변동을 보이게되고, 연속적으로 주입하면 배수에서 다소 일정한 값의 농도가 나타나지만, 그 값은 취수하는 물과 냉각 계통 내에서의 변화에 따라 다소 변동될 수 있다.

Spencer(1982)는 영국 남동부의 Medway 하구에 위치한 Kingsnorth 발전소의 배수로에서 TRO의 농도가 0.35 mg ℓ^{-1}까지 이른다고 보고하였다. England의 동해안에 위치한 Sizewell 원자력발전소에서는 배수구로부터 150~400m 떨어진 수역에서 TRC 농도가 50% 감소하는 것으로 조사되었다(Davis & Coughlan, 1983).

이제까지 담수와 해수 모두에서 배수의 염소 농도에 관한 다양한 조사가 수행되었다. 이러한 연구들을 통하여 첫째 대부분의 화학물질은 수온의 상승에 따라 그 독성이 증가하고, 둘째 잔류물의 붕괴 속도는 온도와 관련이 있으며, 셋째 온배수 확산역에서 잔류 염소는 열적 성층과 관련될 수 있음이 밝혀졌다. 따라서 잔류 염소가 생물에 미치는 영향과 관련하여 이들 세 가지 요인이 충분히 고려되어야 한다.

3.3 중금속

　발전소에서 방출되는 냉각수에 있어서 부식의 결과로 생기는 중금속의 농도는 대체로 정상적인 분석 방법의 검출 한계 이하이다(Romeril, 1972). 그렇지만 경우에 따라서는 다양한 중금속이 검출될 수도 있다. Roosenburg(1969)는 미국 발전소의 배수에 포함된 높은 농도의 구리가 굴의 생리적 변화를 초래하기에 충분하다고 밝혔고, Martin 등(1977)은 California 주의 연안에 세워진 발전소의 냉각수에서 전복(*Haliotis* spp.)에 치명적인 구리의 농도를 보고한 바 있다.

제**4**장

온배수가 생물에 미치는 영향을 예측하는 실험적 연구

1. 온배수의 잠재적 효과

온배수의 생태적 영향이 단순히 수온의 상승과 직결되는 것으로 간주할 수는 없다. 온배수가 생태계에 미칠 수 있는 주된 잠재적 효과는 대체로 다음과 같다. 먼저 식물과 동물이 냉각 계통을 따라 연행(連行, entrainment)되면서 계통 내에서 장기적 또는 단기적으로 열, 오염물, 난류 및 기타 물리화학적 압박의 영향을 받게 된다. 한편 온배수를 받는 수역에서는 생물들이 비정상적으로 높은 수온에 직면할 뿐만 아니라 낮은 농도의 살생제와 기타 오염물, 난류에 따른 통기와 같이 물리적 과정에 의한 물의 화학 변화 그리고 비정상적인 물의 흐름에 직면하게 된다.

가동하고 있는 발전소에서 현장 조사를 실시하여 이들 각 요소들의 독립된 효과를 식별하기는 거의 불가능하다. 따라서 생물에 미치는 영향을 방지하거나 경감시킬 수 있는 가장 효과적이고 경제적인 방안을 모색하기 위하여 이들 각 요소들이 미치는 영향의 상대적 중요성을 정량화할 필요가 있다. 이것은 세심하게 제어된 현장 실험이나 실험실 규모의 연구 또는 이들의 조합을 통하여 시도할 수 있다. 비록 실험실에서 얻어지는 자료를 토대로 현장에서 일어나는 현상을 해석하는 데에는 한계가 있지만, 이렇게 얻어지는 자료들은 새로운 개발의 결과를 예측하는 데 도움을 주기도 한다.

물리적 및 화학적 영향이 해양생물에 미치는 효과에 관하여는 이제까지 많은 연구가 수행되었다. 뿐만 아니라 오염에 의하여 야기되는 변화를 포함하여 서식처의 변화가 개체(個體, individual), 개체군(個體群, population) 그리고 군집(群集, community) 수준에서 일반화된 반응을 일으킨다고 알려져 있다.

이를테면 염소 농도와 온도가 모두 서서히 상승하면 동물의 대사 활동을 촉진시키지만, 최대 활성도를 넘는 수준이 되면 동물이 마비되고 결국 죽게 된다. 이러한 각 단계를 일으키는 값들은 생물에 따라 독특하므로, 변화된 서식처의 종들을 보호하려면 이에 관한 지식이 절대 필요하다.

이 장에서는 온배수 구성요소 각각의 상대적 효과와 특히 열의 효과를 평가하고 실험적 연구를 통하여 예측되는 온배수의 영향과 현장 조사를 통하여 밝혀진 효과를 비교하기 위하여 온배수의 다양한 구성요소들에 대한 생물의 내성(耐性, tolerance)을 주로 다루고자 한다. 여기서는 온도와 살생제(주로 염소) 그리고 물의 흐름을 온배수의 잠재적 효과 가운데 가장 중요한 세 가지 구성요소로 간주하였다. 다른 오염물들의 효과는 이들 세 가지 요소와 관련될 때, 특히 이들 요소와 복합 작용을 하거나 상조 작용을 할 때 고려될 것이다.

2. 온 도

2.1 자연 서식처와 관련된 내성

생물은 -2℃에서 거의 100℃에 이르기까지 자연적인 지표수의 거의 모든 온도 범위에 걸쳐 발견된다. 대체로 종합해 보면 변온 동물(變溫動物, poikilotherm) 간에서는 생리적으로 그리고 형태적으로 복잡해짐에 따라 온도 내성이 감소된다(표 4-1).

한편 동일한 분류군(分類群, taxon) 내에서도 개체들마다 온도 내성이 다를 수 있고, 심지어는 한 개체에서도 생존하는 기간에 걸쳐 변화될 수 있다. 따라서 생물의 온도 내성에 대한 개념은 복잡하고, 생물의 다양한 기능에 대한 내성 범위는 매우 독특하다(그림 4-1).

그렇지만 본질적으로 대부분의 동물과 식물은 유전적으로 고정된 온도 범위에 걸쳐 생존할 수 있고, 이 온도 범위는 종마다 특징적으로 나타난다. 이 범위는 여러 요인에 의하여 다소 변경될 수 있으나, 각 종이 치사하는 상한과 하한 온도는 유전적으로 고정된 온도에서 거의 변화하지 않는다.

생물은 온도 내성에 따라 다음과 같이 구분된다. 먼저 협저온성 생물(狹低溫性生物, cold stenotherms)은 한대 지역에서 10℃ 내외의 좁은 내성 범위를 갖는 생물이고, 협고온성 생물(狹高溫

표 4-1. 지열의 영향을 받는 물에서 조사된 수생생물의 생육온도 상한

집 단	온 도 (℃)
동 물	
어류와 기타 수생척추동물	38
곤충	45～50
패충류(갑각류)	49～50
원생동물	50
식 물	
관다발식물	45
이끼	50
진핵조류	56
곰팡이	60
원핵미생물	
남조류	70～73
광합성세균	70～73
비광합성세균	＞99

(자료 : Brock, 1975)

性生物, warm stenotherms)은 열대의 더운 지역에서 10℃ 내외의
좁은 적응 온도 범위를 갖는 생물이다. 한편 광온성 생물(廣溫性
生物, eurytherms)은 온대 또는 아열대 지역에서 30℃ 내외의 넓
은 내성 범위를 갖는 종을 가리킨다. 이와 같은 범주는 각 지역
내에서의 분포와 관련하여 더욱 세분화하기도 한다.
　대부분의 수생생물에 있어서 생존과 생명 과정은 수온에 크게
좌우되지만, 많은 종들은 온대 해역의 조간대와 같이 불리한 자

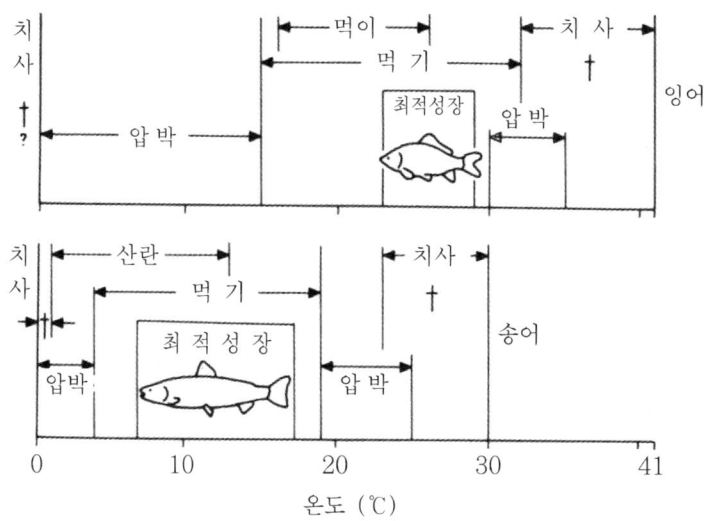

그림 4-1. 잉어(*Cyprinus carpio*)와 송어(*Salmo trutta*)의 온도 요구 비교

연 조건에서 생존할 수 있는 행동 전략과 생리적 전략을 개발하고 있다.

대체로 지표수에는 수체의 정상적인 온도 극치에 견디고 적응하는 종들로 구성되는 생물 군집(生物群集, biotic community 또는 biocoenosis)이 형성된다. 그렇지만 많은 서식처에는 그 군집의 고정 구성원이 아닌 종이 출현할 수도 있는데, 그것은 이들 종이 내성 범위의 한계에 있거나 또는 그 서식처에 잠시 머물렀다 갈 수 있기 때문이다.

2.2 온도 변화의 효과

2.2.1 효과의 분류

온도가 생물에 미치는 효과에 대하여 Fry(1967)는 다음과 같은
세 가지 범주로 구분하였다.

1) 치사 효과(致死效果, lethal effect)

대체로 생물의 정상적인 수명보다 짧은 한정된 기간 내에 생
물을 치사시키는 높거나 낮은 온도

2) 제어 효과(制御效果, controlling effect)

성장이나 대사 속도 또는 생식과 같은 생리적 및 생화학적 과
정에 영향을 주는 버금 치사 온도(亞致死溫度, sub-lethal temperature)

3) 지향 효과(指向效果, directive effect)

행동 반응, 운동 또는 이동을 일으키는 온도

이들 세 가지 범주 모두에 영향을 줄 수 있지만 별개로 고려
할 가치가 있는 네 번째 범주는 다음과 같다.

4) 간접 효과(間接效果, indirect effect)

온도가 산소 또는 독성과 같은 다른 요인에게 영향을 미치고,
이러한 다른 요인들이 생물에 미치는 효과. 생물에 미치는 간접
효과에는 먹이가 되는 종, 경쟁자, 포식자 또는 기생자에 미치는
온도의 효과 또한 포함될 수 있다.

2.2.2 치사 온도

치사 온도(致死溫度, lethal temperature)를 생물의 치사를 일으키는 높거나 낮은 온도라고 간단하게 정의할 수 있다. 그렇지만 많은 요인들이 상호 관계하여 치사 온도에 영향을 미치게 된다. 치사 온도에 영향을 미칠 수 있는 요인들은 온도가 변화하는 속도, 노출되는 기간, 순화(馴化, acclimatization), 생물의 생활사 단계, 다른 압박의 결과로 생기는 생물의 생리적 상태, 행동과 생리적 변화와 같은 적응 전략 등을 들 수 있다.

1) 치사 온도 평가

치사 온도를 평가하는 고전적인 방법은 크게 두 가지로 구분된다.

먼저 생물의 개체 또는 집단을 일정한 기간 동안 유지시킨 온도에서 직접 시험하고자 하는 온도로 옮기는 방법이다. 생물의 일부 또는 모두가 치사하는 노출 기간이 치사율의 기준이 된다. 이 방법에서는 LT_{xy}의 값으로 표시하는데, 여기서 LT는 치사를 일으키는 온도, x는 노출 시간, 그리고 y는 노출 기간 후 치사한 생물의 비율을 가리킨다. 예를 들어 어느 종에 있어서 $LT_{24,50}$은 24시간 노출시킨 후 집단의 50%가 치사한 온도이다. 이와는 달리 치사율을 시간으로 나타낼 수도 있어서, 이를테면 $TL_{30,50}$은 30℃에 노출시켰을 때 생물의 50%가 치사하는데 소요되는 시간을 가리킨다.

치사 온도를 평가하는 두 번째 방법은 생물이 치사할 때까지 온도를 서서히 변화시키는 방법이다. 이들 두 가지 방법은 그간 생물의 치사 온도를 평가하는데 널리 사용되어왔다.

기존의 많은 연구들에서는 죽음(death)을 '효과'의 기준으로 삼았지만, 최근의 연구에서는 생물체에서 나타나는 어떤 행동 또는 생리적 변화를 효과로 간주하고 있다. 임계 최고 온도(critical thermal maximum, CTM)는 운동이나 정위(orientation)의 상실과 같이 관찰할 수 있으면서 대체로 가역적인 행동 변화 또는 생리적 변화가 나타나는 온도를 가리킨다. 임계 최고 온도는 앞서 언급한 두 가지 방법 중 한 가지로 평가할 수 있지만, 주로 후자의 방법을 적용한다. CTM은 온도 변화의 속도와 생물체의 크기에 따라 영향을 받을 수 있다.

어류의 치사 온도는 Jobling(1981)의 회귀 모델을 이용하여 최적 성장과 선호하는 온도에 관한 자료를 바탕으로 추정할 수 있다. 그 일반식은 다음과 같다.

$$y = ax + b$$

이를 바탕으로 다음과 같은 다양한 관계를 나타낼 수 있다

최적 성장(x), 치사 온도(y)
$$y = 0.76x + 13.81 \quad (r = 0.866)$$
최종 선택(x), 치사 온도(y)
$$y = 0.66x + 16.43 \quad (r = 0.880)$$
최적 성장(x), 최종 선택(y)
$$y = 1.05x - 0.53 \quad (r = 0.937)$$

치사온도의 자료는 규정된 시간의 LT_{50} 자료를 주로 이용한다. 치사 온도의 평가에서 흔하게 사용하는 용어와 정의는 그림 4-2에 보인 바와 같다.

그림 4-2에 나타낸 초기 치사 온도 상한(UILT)과 초기 치사 온도 하한(LILT)은 어느 개체군이나 50%가 무기한 생존하는 온도

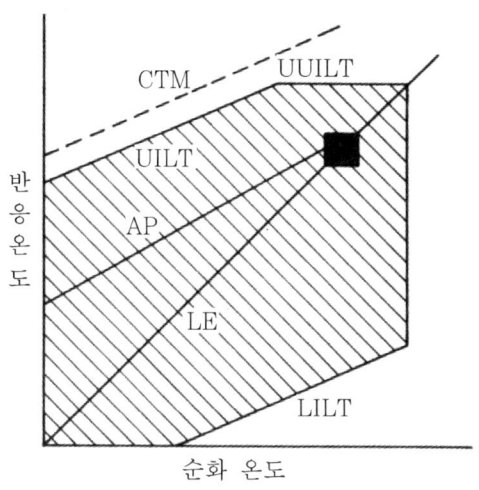

그림 4-2. 어류의 온도 관계
    CTM: 임계 최고 온도(critical thermal maximum)
    UILT: 초기 치사 온도 상한(upper incipient lethal temperature)
    LILT: 초기 치사 온도 하한(lower incipient lethal temperature)
    UUILT: 궁극 초기 치사 온도 상한(ultimate upper incipient lethal temperature)
    AP: 급성 온도 선택(acute thermal preferendum)
    LE: 등온선(line of equality).

를 가리킨다. 빗금친 내성 범위(tolerance zone) 내에서는 순화된 개체가 모두 생존한다. 그러나 일단 임계 최고 온도(CTM)를 넘어서면 생물이 빠른 속도로 사멸하게 된다. 내성 범위의 크기는 종의 광온성의 정도를 판단하는데 있어서 유용한 표준이 된다.

2) 치사 온도에 영향을 미치는 요인들

(1) 변화 속도와 노출 기간
온도가 급격히 변화하더라도 변화 전후의 온도가 그 종의 내성 한계 이내라면 생물이 즉시 사멸하지는 않는다. 그렇지만 생물이 그림 4-2에 보인 바와 같은 궁극 초기 치사 온도의 상한(UUILT)이나 하한(ULILT)을 벗어나는 온도 변화에 노출되거나 순화 온도에서 임계 최고 온도(CTM)를 넘어서게 되면 생물이 곧 죽게 될 가능성이 있다. 반면에 치사 가능한 온도에 노출되더라도 노출되는 기간에 따라 생물이 생존할 수도 있다.

온도와 독성 물질이 어류에 미치는 영향에 있어서 노출 기간이 중요한 요인으로 작용한다는 사실이 널리 알려져 왔으며, 최근에는 다른 생물에서도 이와 비슷한 경향이 밝혀지고 있다. 생물이 발전소의 냉각 계통을 지나는 연행(entrainment)의 기간이 짧게는 2분에서 길게는 1시간까지 이르게 됨을 감안하여 최근 집중적인 연구를 통하여 연행에 의한 노출의 효과를 예측하는데 필요한 자료들이 다양하게 축적되었다. 생물이 온도 변화에 직면하는 시간은 냉각 계통의 설계에 따라 변하게 된다. 따라서 냉각 계통을 지나는 동안 생물이 생존하는 정도를 계산하려면 통과 시간과 노출 온도에 관한 자료의 확보가 필수적이다.

그림 4-3은 물리적 자료와 시간에 따른 생물의 온도 내성 자료를 바탕으로 냉각 계통에 연행되는 생물체의 사망률(mortality)에 미치는 온도의 효과를 추정하는 방법을 보여 준다. 그림에서 예로 든 생물은 30℃에서 50%의 사망률을 보이는 시간이 120분 이상이다. 그림에 보인 바와 같이 냉각 계통을 지나는데 불과 5분이 소요되었다면 수온의 상승이 50%의 사망률을 야기하지는 않을 것이다. CTM 값을 고려하여 이와 비슷한 방법으로 예측할 수 있다.

50% 사망률을 예측하는 관계식은 다음과 같다.

$$\log \, t = a + b(온도)$$

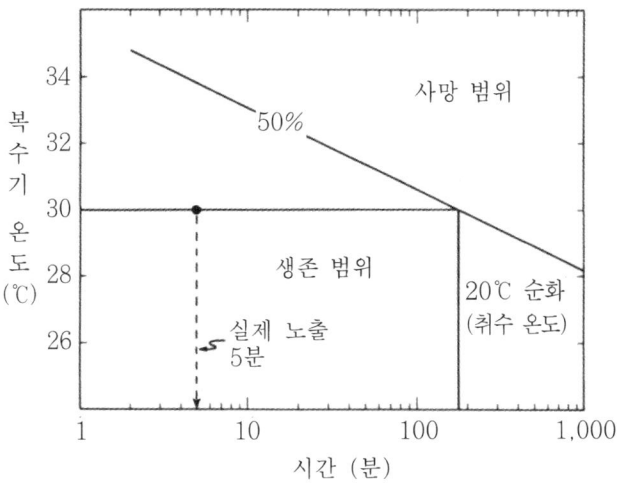

그림 4-3. 열 압박이 연행되는 생물을 치사시킬 수 있는 지를 예측하는 열 저
항(thermal resistance) 그래프의 예. 이 예에서는 발전소의 취
수 온도를 20℃, △T는 10℃, 통과 시간은 5분으로 가정하였고,
연행되는 생물이 취수 온도인 20℃에 순화되었다고 가정하였다.

여기서 t는 노출 시간(분), 온도는 섭씨 온도(℃), 그리고 a와 b
는 회귀계수이다. 이 공식을 이용하여 생존의 조건을 다음과 같
이 나타낼 수 있다.

$$1 \geq t/10a + b(온도)$$

만일 계산 결과가 1 이하이면 생물은 생존할 가능성이 있다.

(2) 순 화

환경의 변화나 자극이 계속될 때 생물이 그것에 대응할 수 있
는 생리적 상태를 만들어내는 현상을 순화(馴化, acclimatization

또는 acclimation)라고 한다. 참고삼아 영어의 'acclimatization'과 'acclimation'은 본질적으로 같은 뜻의 용어로 간주하기도 하지만, 간혹 이를 구분하는 경우에 전자는 일반적으로 자연 환경에 대한 생물의 표현형 적응(phenotypic adaptation)을 가리키는 반면, 후자는 시험에 앞서서 미리 결정한 조건에서 생물을 유지시키는 전형적인 실험 기법을 가리킬 때 적용한다.

순화와 치사 온도의 관계는 그림 4-2에 보인 바 있다. 온배수가 생물 특히 고착 생물에 미치는 영향에 있어서 다음과 같은 순화의 네 가지 특징이 중요하다.

① 궁극 초기 치사 온도의 상한(UUILT)이나 하한(ULILT)에 이르기까지 순화 온도와 치사 온도(또는 CTM) 간에는 일관된 직접적인 관계가 있다. UUILT 또는 ULILT를 넘어서면 순화 온도는 치사 온도와 같아진다.

② 내성 범위에서 높은 온도에 순화되면 일반적으로 낮은 온도에 대한 내성이 감소한다.

③ 어느 서식처에서 어느 종이건 간에 자연적인 순화는 주로 계절에 따른 현상으로 나타난다. 따라서 일반적으로 수생생물은 UUILT를 넘어서지만 않는다면 겨울보다는 여름에 높은 온도에 견디게 된다.

④ 동일한 종에서도 온도 내성은 지리적 범위에 걸쳐 다를 수 있어서, 이를테면 서식처가 온난해 질수록 UUILT는 상승한다.

순화는 어류에서 비교적 빠르게 일어나서, 대체로 24시간에 1℃ 이상의 변화에도 적응한다. 그렇지만 이와 같은 순화 속도는 대체로 실험실에서 온도를 상승시키는 속도보다 훨씬 느리다. 뿐만 아니라 온도를 신속하게 상승시켰을 때 과연 어느 온도에서부터 생물이 회복할 수 없게 되는 지를 평가하기가 매우 어렵다.

고착생물의 CTM 또는 치사 온도는 대사 과정을 측정하거나 섬모(纖毛, cilia)와 같이 움직이는 부분들을 관찰함으로써 평가할 수 있다.

순화는 다른 한편으로 열 충격(熱衝擊, thermal shock)과 다른 단기적 노출에 대하여 생물이 생존할 수 있는 시간에도 영향을 미치고, 변화하는 온도에 순화된 생물은 잠재적인 치사 온도에 단기간 노출되어도 견딜 수 있는 것으로 밝혀졌다.

(3) 생리적 상태

다른 생리적 압박의 존재도 명백히 생물의 온도 내성에 영향을 미친다. 이를테면 다른 생물이 기생하는 달팽이(*Gonobiasis* sp.)는 기생되지 않은 개체와 비교하여 화학적 및 열적 압박에 더욱 취약한 것으로 나타났다. 세균(*Aeromonas* sp.)에 감염된 작은 연어는 감염되지 않은 연어에 비하여 높은 온도에서 사망률이 훨씬 높았다. 그렇지만 세균에 의하여 신장병에 걸린 어류는 반대의 현상을 보였다.

실제로 압박(壓迫, stress)들이 겹치면 단일한 압박보다 훨씬 더 치명적이고, 어떤 조합들은 참으로 상조작용(相助作用, synergism)을 하는 것으로 알려져 있다. 따라서 오염된 수역에서는 청정 수역과 비교하여 온도 내성이 감소할 것으로 예측할 수 있다.

온도 내성은 염분도(鹽分度, salinity), 산소와 염분의 조합, 물의 경도(硬度, hardness) 및 압력과 같은 물리적 요인 등에 의하여 영향을 받을 수도 있다(그림 4-4). 수생식물에 있어서는 건조, 압력, 빛과 염분도 모두가 온도 내성에 영향을 미치게 된다.

(4) 행동과 내부 온도 조절

대부분의 이동하는 수생생물은 온도 변화에 대하여 행동 반응

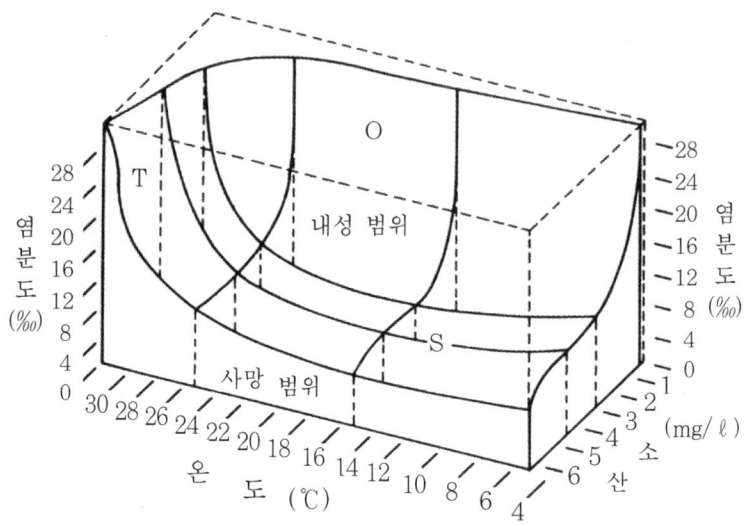

그림 4-4. 온도, 염분도 및 산소 농도의 다양한 조합이 바다가재를 치사시키
는 조건의 경계를 보여 주는 도표('T'는 온도 한 가지가 치사 요
인이 되는 구역, 'S'는 염분도 한 가지가 치사 요인이 되는 구역,
그리고 'O'는 산소 농도 한 가지가 치사 요인이 되는 구역이다).

을 보이고, 이 반응은 온도가 상승된 수역에서 생존하는 가장 중
요한 이점의 하나가 된다. 예를 들어 어류는 0.05℃ 가량의 미묘
한 온도 변화를 감지할 수 있고, 신경계에 의하여 행동이 조절된
다(Stauffer, 1980; Langford, 1990). 수온의 변화에 따른 두 가지
중요한 결과는 말초신경계(peripheral nervous system)로부터 중추
신경계(central nervous system)로의 정보 전달과 변화된 환경에 따
른 열의 교환이다.

어류 대부분의 체온은 수온에 매우 접근하여 따라가지만 각
개체가 평형시키는 속도는 몸의 형태와 크기 그리고 아가미의
환수(換水, ventilation), 혈액의 흐름, 활성과 물의 운동과 같은 요

인들에 따라 좌우된다. 온도의 지각(知覺, perception) 능력은 생활사의 초기 단계부터 나타나서 부화 직후의 치어에서 분명해진다.

작은 생물체에서는 몸의 크기가 평형 속도를 결정짓는 중요한 요인이며, 대부분의 무척추동물과 식물이 비교적 작기 때문에 평형 속도가 빠르므로 거의 동시적으로 일어난다고 간주할 수 있다. 열이 가해진 시점과 내부 기관이 높은 온도에 도달하는 시점 간의 시차는 불리한 조건을 감지하고 피할 수 있는 생물체에 있어서 생존의 열쇠가 될 수 있다.

어류와 무척추동물의 행동 반응을 확증하는 데에는 다양한 실험 장치가 사용되어 왔다. 실험 기법이 다양하다보니 동일한 종을 대상으로 실험한 결과가 달라질 수 있다. 예를 들어 무지개송어(*Oncorhynchus mykiss=Salmo gairdneri*)의 선택 온도는 수평 홈통에서 실험한 결과와 수직 원통에서 실험한 결과가 매우 다르게 나타났다. 그럼에도 불구하고 어류가 불리한 온도를 감지하고 피할 수 있으며, 아울러 그들의 행동 또는 생리적 요건을 충족시키는 온도역을 선택할 수 있음을 보여주는 증거는 충분하다 (Stauffer, 1980). 이러한 사실은 이동성의 무척추동물에게도 적용된다(Hocutt *et al.*, 1980).

불리한 온도 조건을 감지하고 선택하거나 회피하는 능력을 집합적으로 행동적 체온조절(behavioral thermoregulation)이라 부르며, 자연 서식처와 변화된 서식처 모두에서 종이 생존하는데 절대 필요하다. 내부의 온도 조절은 몇 종의 어류에서 특징적으로 나타난다. 이를테면 다랑어(tuna)들의 피부는 주위의 해수 온도와 비슷하지만 몸의 내부 중앙은 피부보다 $10℃$ 가량 높다. 이 경우 주요 동맥과 정맥이 거의 어류의 몸 길이 전체를 따라 뻗어 있으며, 반대 방향으로 흐르는 혈관과 서로 평행하게 놓여 있어서 대향류 열교환(對向流熱交換, countercurrent heat exchange) 구조를 형성한다. 다랑어들은 대향류 열교환을 효율적으로 사용함으로써 강력한 근육 활동이 만들어내는 열이 몸의 내부 중앙에 보존되는 것이다. 반면에 개복치(*Mola mola*)의 체온은 해수 표면의 수온보다 2~4℃ 낮을 수 있다. 어떤 상태이건 간에 이동하는 동물은 치사 온도를 넘는 물을 접하더라도 매우 짧은 기간 동안에는 체온이 치사 온도에 도달하지 않을 수 있다.

(5) 크기와 생활사 단계

세균, 곰팡이, 조류(藻類, algae), 원생동물 및 식물 가운데 많은 생물체들은 홀씨(胞子, spore), 포낭(包囊, cyst) 또는 종자와 같은 휴지 세포를 갖게 되는데, 이러한 휴지 단계는 온도의 극치 또는 장기간에 걸친 건조 등의 압박에 충분히 견디어낼 수 있다. 반면에 많은 어류와 큰 무척추동물들은 성체보다 유생 또는 치어 단계에서 압박에 대하여 훨씬 더 취약하다.

(6) 치사율의 예측

이상에서 살펴 본 바와 같이 치사율(致死率, lethality)의 개념은 결코 간단하지 않다. 온도의 변화가 UUILT 또는 ULILT를 넘어서지 않더라도 각 생물의 모든 생활사 단계에서 온도 한계가 다양하게 나타나기 때문에 온배수 영향역에서 온도에 의한 직접적인 치사 효과를 예측하는 것은 매우 복잡한 문제이다. 뿐만 아니라 단순한 실험을 통하여 얻어진 치사 온도 자료만을 바탕으로 온배수가 생태계에 미치는 효과를 평가하기에는 충분하지 않다.

2.2.3 제어 효과

1) 세포 수준

열 치사(熱致死, heat death)는 온도가 세포와 대사 과정에 미치는 효과에 원인이 있지만, 그 자세한 기작에 관하여는 아직까지도 상세하게 밝혀지지 않았다. 명백한 치사 온도에 잠시 노출된 후에도 어떤 개체들이 생존한다는 사실은 노출의 특정 한계를 넘어서지만 않는다면 세포와 조직의 피해가 역전될 수 있음을 의미하는 것이다. 반면에 일부가 다소 회복되더라도 다른 어떤 조직의 생물학적 기작들은 돌이킬 수 없도록 피해를 받을 수 있다.

대사율의 증가와 이에 따라 생물체에서 나타나는 생리적 효과를 예측함으로써 온배수의 효과를 예측하게 된다. 온도가 대사 과정에 미치는 효과는 온도 계수(溫度係數, temperature coefficient) 또는 Q_{10}에서 유도된 식으로 설명한다. 여기서 Q_{10}은 어느 임의 온도에서 일어나는 과정의 속도를 10℃ 낮은 온도에서의 반응 속도와 비교한 값으로

$$Q_{10} = K_{t+10}/K_t$$

로 표시한다. 여기서 K는 반응 속도 상수이고 t는 온도(℃)를 가리킨다.

생물학적 과정에서 Q_{10}의 값은 일반적으로 2~3인 것이 많다. 생화학 반응 속도를 계산하는데 이용되는 아레니우스의 식 (Arrhenius equation)은

$$K = A\,e^{-E/RT}$$

이며, 여기서 K는 속도 상수, A는 빈도 인자, E는 활성화 에너지, R은 기체상수, 그리고 T는 절대 온도($^\circ$K)이다.

그렇지만 이러한 식을 이용하여 대사 속도를 계산하는 것이 간단하지 않고, 생체외(in vitro)와 생체내(in vivo)에서 측정한 값이 다를 수 있는데 이러한 차이는 항상 쉽게 설명되지 않는다. 생물학적 과정이 화학 법칙에 항상 적합한 것은 아니라고 알려져 있으므로 Q_{10} 값을 생태적으로 예측하는 수단으로 활용하는 시도에 비판적인 견해를 가진 학자가 많다(예를 들면 Kinne, 1970a).

2) 대 사

온도가 생물학적 과정에 미치는 효과는 일반적으로 온도가 상승함에 따라 효과가 증가하다가 최적 상태를 넘어서면 치사 온도에 이르기까지 급격하게 감소하는 추세를 보인다. 이러한 추세는 산소의 소비, 성장과 활동 그리고 생식선(生殖腺, gonad)의 성숙, 산란, 부화 및 발생과 같은 생식 기능 모두에서 관찰된다. 서식처에서 어느 개체군이 유지되려면 생물이 모든 대사과정을 성공적으로 유지하여야 한다.

동물의 산소 소비율과 식물의 호흡 및 광합성은 대사율을 측정하는 주요 기준이 된다. Fry(1967)는 산소 소비를 다음과 같이 세 단계로 구분하였다.

① 기준 소비율(standard rate) : 정지하고 있는 생물의 최소 소비율

② 정상 소비율(routine rate) : 별난 외적 자극이 없는 상태 하의 정상적인 활동 기간에 측정되는 평균 소비율

③ 능동 소비율(active rate) : 억지 행동 또는 비정상적인 외적 자극에 기인하는 행동의 안정된 최대 소비율

홍연어(*Oncorhynchus nerka*)는 능동 소비율이 기준 소비율의 약 12배에 달한다. 대부분의 어류에서 정상 소비율은 기준 소비율의 2~4배로 나타난다.

3) 성장률과 크기

먹이의 공급이나 산소와 같은 다른 요인들이 제한 요인으로 작용하지 않는다면 성장률(成長率, growth rate)은 온도와 밀접한 관계를 보인다. 유효한 성장의 범위는 다른 대사 과정의 범위보다 대체로 좁게 나타난다(그림 4-1). 일정하지 않고 변동하는 온도는 다방면으로 최적 성장에 영향을 미친다. 빛과 낮의 길이(日長, daylength) 또한 식물과 동물의 중요한 생장 요인이며, 이들의 효과는 온도와 밀접한 관계가 있다. 염분도의 변화 역시 성장에 영향을 미치는데, 정해진 온도에서 염분도가 정상 범위를 벗어나는 정도에 따라 그 영향이 좌우된다.

동물에 있어서 먹이의 공급은 당연히 필수적인 요인이 된다. 어느 계절에 비정상적으로 대사율이 증가하는 온도에서는 먹이가 결핍되면서 굶주리고 죽게 된다. 사료 전환 효율(food conversion rate)은 온도와 관계가 있지만 이 효율의 최적 온도는 대체로 최적 성장 온도보다 낮다. 그것은 온도가 높아짐에 따라 유지하는데 소요되는 에너지가 지수적으로 증가하여 성장에 이용 가능한 에너지가 줄어들기 때문이다.

어느 한 개체의 궁극적인 크기는 많은 요인에 따라 결정되는데, 그 가운데 지리적 위치와 온도 체제가 포함된다. 해양의 많은 종들은 온난한 구역보다 한랭한 구역에서 몸의 크기가 커진다. 물에서 겨울을 나고 이른 여름 이후에 우화(羽化, emergence)되는 어떤 수생곤충의 성충은 여름에 초기의 알부터 자란 개체보다 크다(Langford, 1975). 이와 비슷한 현상은 실험실 조건에서 단각류(端脚類, amphipod)인 옆새우의 일종(*Gammarus duebeni*)과 하이드로이드(hydroid)의 일종(*Cordylophora caspia*)에서도 나타난다(Kinne, 1970b). 이 효과는 성적 성숙의 개시와 관련이 있어서, 추운 조건에서 성숙이 지연되면 생식선의 성장보다는 체세포 성장을 유발하기 때문이다.

4) 섭식과 소화

알맞은 조건에서 온도가 상승하고 대사율이 증가함에 따라 세균이 영양소를 흡수하는 속도와 동물이 섭식하고 소화하는 속도가 증가하게 된다. 이를테면 어류가 섭취하는 먹이의 최대 크기는 온도가 상승하면서 증가하다가 최적 온도를 넘어서면 줄어든다.

소화율도 이와 비슷한 경향을 보인다. 예를 들어 해양 하이드로이드의 일종(*Clava multicornis*)의 히드라꽃(hydranth)은 온도가 12℃에서 25℃로 상승함에 따라 2~2.5배 빠른 속도로 먹이를 소화하였다(Kinne, 1970b). 어류를 대상으로 실험한 결과에서도 온도와 소화율간의 중요한 상관관계를 얻었다.

낮은 온도에서는 먹이를 섭취한 다음 소화가 시작되기까지 시간이 지연될 수 있다. 먹이가 되는 물질 역시 소화율에 영향을 미칠 수 있다. 실험을 통하여 잉어의 일종(*Rutilus rutilus*)은 온도가 높건 낮건 간에 동물성 물질보다는 식물성 물질을 훨씬 빠르게 소화하는 것으로 밝혀졌다(Hofer *et al*., 1982).

5) 생식과 초기 발생

대부분의 생물에 있어서 생식과 성장은 명백히 온도와 관련된다. 실험실 조건하에서 미생물들은 다른 모든 조건들이 적합하다면 최적 온도에 도달할 때까지 증식률(增殖率, reproductive rate)

이 증가하게 된다. 수생식물은 낮의 길이가 알맞은 조건에서 온도가 상승하면 보다 많은 배우자(配偶者, gamete)를 형성한다.

무척추동물과 척추동물 모두에서 생식 현상이 일어나는 온도 범위는 성장에 적합한 온도 범위보다 대체로 낮다. 예외적인 경우로는 굴 양식장의 심한 해충인 육식성의 구멍을 뚫는 복족류(*Urosalpinx cinerea*)를 들 수 있는데, 이 종류는 성장과 섭식의 최적 온도보다 높은 온도에서 생식 현상이 일어난다.

일반적으로 생물이 생리적으로 준비되어 있고 다른 모든 조건들이 적합한 상태에서 온대와 아열대에 분포하는 수생동물의 생식 시기는 온도에 좌우된다. 열대의 종들은 그다지 온도에 의존하지는 않지만 많은 종들의 생식 현상에서 주기성이 나타나는데, 아마도 이러한 현상은 공간과 먹이의 최적화와 관련이 있을 것이다.

수생 변온동물의 수정란이 발생하는 속도는 정상적인 조건하에서 온도에 의존한다. 수정란의 발생기간과 온도와의 관계를 간단한 식으로 표시하면

$$y = k/x$$

인데, 이때 y는 발생기간(일), k는 상수 그리고 x는 수온(℃)이다 (Alderdice & Velsen, 1978).

대부분의 종에서는 이 식이 비교적 만족스럽게 적용되지만, 이보다 훨씬 복잡한 관계도 알려져 있다. 광염성(廣鹽性, euryhaline) 생물에서는 온도와 염분도의 조합이 부화와 발생에 중대한 영향을 미칠 수 있고 부화한 유생의 크기에도 영향을 미친다.

6) 계수 형질과 형태

어류는 배 발생 시기에 높은 온도를 접하게되면 숫자로 셀 수 있는 계수 형질(meristic character)의 변화가 나타날 수 있다. 잉어 (*Cyprinus carpio*)와 그 일종(*Rutilus rutilus*)은 20℃에서 부화하였을 때 20% 이상의 개체에서 기형이 나타난다. 송어의 일종(*Coregonus clupeaformis*)은 10℃에서 부화한 다음 출현하는 비정상적인 유어가 4℃의 경우보다 훨씬 많았다. 아가미 갈퀴, 등뼈, 유문수(幽門垂, pyloric caeca)와 지느러미 줄의 수가 변화하는 것도 온도 변화와 다른 생태적 요인에 의하여 일어난다(Moodie, 1985).

2.2.4 지향 효과

많은 연구를 통하여 운동성 생물들이 물의 특정한 온도를 선택하거나 회피한다는 사실이 밝혀졌다. 온도의 선택과 회피는 장기적 및 단기적으로 온배수 확산역 부근에서 동물의 분포와 내성을 결정짓는 중요한 요인이 될 수 있다. 자연 서식처에서 어떤 생물의 집단 회유와 주야 수직 이동(diurnal vertical migration) 역시 온도와 관련되는 것으로 여겨진다.

단순한 운동이나 회유 외의 행동도 온도와 관련이 있다. 이를테면 실험실 조건에서 유럽산 뱀장어(*Anguilla anguilla*)와 붕메기의 일종(*Ictalurus natalis*) 모두 온도가 높아짐에 따라 공격성의 강도가 높아졌다(Knights, 1987).

2.2.5 간접 효과, 복합 효과 및 상조 작용

배수구역에서 식물 또는 동물이 제거되거나 유인되는 효과는 특히 이들이 먹이가 되는 종이거나 포식자일 때 다른 종에 영향을 미칠 수 있다. 실험실 연구를 통하여 열 충격을 받은 운동성

동물은 포식자에게 잡혀 먹힐 가능성이 증가하는 것으로 밝혀졌다(Deacutis, 1978). 한편 붕메기(*Ictalurus punctatus*)는 1분에 2℃ 이상 급격하게 온도가 하강할 때 이보다 서서히 하강하는 경우보다 포식을 당할 가능성이 커지는데(Coutant *et al.*, 1976), 이는 물론 붕메기의 크기에 따라 효과가 다르기는 하지만 아마도 행동 반응의 변화에 기인하는 것으로 여겨진다. 연어과의 물고기(salmonoid)를 대상으로 실험한 연구에서도 이와 비슷한 효과가 나타났다(Sylvester, 1972).

온도와 다른 압박의 복합 효과 및 상조 효과에 대한 연구도 다양하게 수행되었다. 일반적으로 온도가 높아지면 독물(毒物, poison)의 효과가 악화되지만, 페놀과 암모니아의 경우에는 온도가 내성 범위 내에서 상승한다면 효과를 악화시키지 않는다. 온도와 염소의 상조 작용은 온배수가 확산되는 현장에서 상당히 중요하게 나타날 수 있다.

3. 화학 오염물의 효과

자연 수역 가운데 온천, 유기물로 오염된 하천 또는 금속에 의하여 오염된 수역에서는 예외적인 화학 조건에 견딜 수 있는 생물들이 출현한다. 오염이 군집에 미치는 효과를 평가하는데 이용되는 다양한 생물 지수(生物指數, biotic index)들은 대체로 다양한 생물의 차별적인 내성에 근거를 두고 있다.

3.1 염소 및 이와 관련된 살생제

냉각 계통에서 사용되는 살생제(biocide)는 생물 전반에 걸쳐 또는 특정한 생물 집단에 독성을 나타낼 수 있는 물질을 가리키며, 염소와 그 유도체 또는 특정한 살균제(fungicide), 살조제(algicide), 제초제(herbicide) 및 연체동물 구제제(molluscicide) 등이 있다. 그 어떤 살생제의 효과는 온도뿐만 아니라 생물의 종류와 노출 기간에 따라 변화한다. 뿐만 아니라 염분도, 산소 또는 다른 오염물질의 존재에 따라 그 효과가 달라지고, 생물의 연령과 크기 또는 생리적 상태와 같은 생물적 요인에 의하여 효과가 변화한다. 버금 치사 농도에서 대부분의 살생제는 온도 변화와 마찬가지로 생리적 및 행동 체계에 영향을 미쳐서 제어 효과와 지향 효과를 유발한다.

미소 생태계(微小生態系, microcosm) 연구를 통하여 해양 군집과 염소의 관계를 조사한 결과, 군집에 미치는 효과가 명백히 나타났다. 24개월에 걸쳐 농도가 50 ppb를 유지하도록 염소를 연속 주입한 결과, 대규모의 미소 생태계 내에서 종의 풍부도(種豊富度, species richness)가 감소하는 것으로 나타났다. 그렇지만 단속적으로 50 ppb의 염소를 투입하거나 10 ppb가 되도록 연속 주입하면 군집의 조성에 거의 영향을 미치지 않았다(Vanderhorst *et al.*, 1983).

3.1.1 치사 효과

담수생물과 해양생물에 있어서 단기 독성(또는 급성 독성, acute toxicity) 그리고 장기 독성(또는 만성 독성, chronic toxicity)을 나타내는 염소의 농도는 $\mu g\, \ell^{-1}$ TRO로 표시한다. 미국에서는 지표수에서 연어과의 물고기는 $2 \mu g \ell^{-1}$ 그리고 기타 담수생물과 해양생물은 $10 \mu g \ell^{-1}$로 규정하고 있다. 그렇지만 이 기준은 부지의 특정한 조건, 염소 붕괴, 노출 기간 및 복잡한 화학 반응이 고려되지 않은 단순한 기준이다.

어떤 종에서는 클로라민(chloramine)과 같이 염소 처리의 잔여 부산물이 유리 염소보다 훨씬 더 유독할 수 있는 반면, 다른 종에서는 이와 반대가 되기도 한다. Turner와 Chu(1983)는 염소, 잔류 염소, 기타 환경 요인, 노출 기간과 독성의 관계를 나타내는 회귀 모델을 유도하였다. 이 분석에서 얻어진 반수 치사 농도(또는 중간 치사 농도, median lethal concentration: LC_{50})는 표 4-2와 같다. 이 표에서는 유리 염소가 결합 잔류물보다 훨씬 더 유독하다는 것을 보여 주고 있다.

표 4-2. 염소와 그 잔류물의 독성 비교

	반수치사농도 (LC_{50} : mg ℓ^{-1})	
	24시간	48시간
담수		
유리 잔류 염소 (FRC)	0.06	0.04
결합 잔류 염소 (CRC)	0.47	0.37
총 잔류 염소 (TRC)	0.14	0.10
해수		
총 잔류 산화제 (TRO)	0.20	0.16

(자료 : Turner & Chu, 1983)

단속적인 염소 처리는 낮은 농도에서 연속적인 염소 처리보다 덜 해롭다. 그것은 농도가 즉시 치사 수준에 도달하지 않고 총 투입량이 치사량에 이르지 않는다는 전제 조건 아래 노출되는 기간이 짧기 때문이다. 온도와 다른 압박들은 명백히 생물 종의 염소에 대한 내성에 영향을 미칠 수 있지만, 특히 치사 온도 부근에서 염소에 대한 감수성이 가장 분명하게 증가한다. 아울러 이 반응은 종에 따라 달라진다. 대체로 해수에서는 무척추동물이 척추동물보다 염소에 잘 견디지만 담수에서는 이와 반대의 현상이 나타난다.

3.1.2 제어 효과

연속적 처리와 단속적 처리 모두 염소의 투입량이 치사 수준 아래에서는 조직병리학(組織病理學, histopathology)과 생리적 과정에 영향을 미칠 수 있다. 염소에 의하여 저해 받은 담수 식물플랑크톤의 광합성은 $0.1\,mg\,\ell^{-1}$ TRC 이하의 잔류물 농도에서 회복될 수 있지만 $0.5\,mg\,\ell^{-1}$ 이상의 농도에서는 치사 현상이 나타난다(Brooks & Liptak, 1979).

한편 염소는 성장과 생식 과정 그리고 계수 형질에 영향을 미친다. 예를 들어 단각류 옆새우의 일종(*Gammarus tigrinus*)은 단기적 및 장기적 염소 처리에 노출된 다음 성장과 호흡 그리고 생식이 억제되었다(Poje *et al.*, 1983). 진주담치(*Mytilus edulis*)는 $0.2 \sim 0.4\,mg\,\ell^{-1}$ TRC로 처리하였을 때 비만도(肥滿度, body condition)가 감소하는 것으로 조사되었다. 뿔가자미의 일종(*Pleuronectes platessa*)과 납서대과(Soleidae)의 어류(*Solea solea*)는 $0.02\,mg\,\ell^{-1}$가량의 염소에 노출되는 기간이 길어질수록 성장률이 감소하였다(Anderson, 1974). 줄무늬농어(*Morone labrax*)의 알은 $0.21\,mg\,\ell^{-1}$

TRC의 농도에서 부화가 완전히 억제되었다(Middaugh *et al.*, 1977). 다양한 실험 기간에 걸쳐 염소 잔류물에 노출시킨 어류에서는 헤모글로빈의 감소, 호흡 변화 그리고 용혈성 빈혈 증상의 생리적 효과가 나타나는 것으로 보고되었다(Hall *et al.*, 1981).

물에서 가장 흔하게 나타나는 염소 잔류물 15가지 가운데 모노클로라민(monochloramine)이 조류(algae)의 대사를 가장 억제하는 것으로 밝혀졌다(Erickson & Freeman, 1978). 한편 염소 잔류물은 상조 작용을 통하여 중금속의 버금 치사 효과를 악화시킨다(Anderson, 1983). 온도와 유리 염소 및 클로라민간에서도 상조 효과가 나타난다.

3.1.3 지향 효과

어류와 무척추동물이 염소가 처리된 물을 회피하는 행동은 널리 알려져 있다. 이러한 회피(回避, avoidance)의 한계치(threshold value)는 염소의 투입량과 생물의 종에 따라 달라진다. 한편 이 한계치는 염분도와 특히 온도와 같은 다른 요인에 의하여 영향을 받는다.

무지개송어(*Oncorhynchus mykiss=Salmo gairdneri*)는 0.001 mg ℓ^{-1} 의 낮은 유리 염소 농도에도 회피한다고 보고되었지만, 오히려 이보다 훨씬 높은 0.1 mg ℓ^{-1} 가량의 농도를 선택한다는 증거도 있다. Morgan(1980)은 다양한 실험을 통하여 어류의 염소 회피 한계치와 수온의 관계를 분석하여 12℃에서는 한계치가 0.01 mg ℓ^{-1} 그리고 30℃에서는 0.023 mg ℓ^{-1}라고 밝혔다.

온도가 염소 회피에 미치는 효과는 아직까지도 명확하게 밝혀지지 않았다. Meldrim과 Fava(1977)는 13~27℃ 범위에 걸친 온도 선택이 염소 회피의 효과를 어느 정도 억누른다고 결론지었지만 이러한 사실이 모든 종에 해당되는 것은 아니다. 높은 온도에서 염소를 단속적으로 투입하면 어류의 염소에 대한 감수성이 증가한다. 회피 한계치는 종에 따라 독특하고 서로 다른 염소 잔류물들의 비율에 의하여 영향을 받는다.

3.2 기타 오염물

3.2.1 중금속

중금속이 수생생물에 미치는 효과는 용해된 중금속의 직접적인 독효과(毒效果, toxic effect)와 생물이 먹이 사슬을 통하여 농축시키는 생물 축적(生物縮積, bioaccumulation)의 두 가지를 들 수 있다. 용해된 많은 금속의 독성과 생물의 조직 내에 금속을 축적시키는 능력은 높은 온도와 다른 요인들에 의하여 악화된다. 따라서 이들의 농도가 낮은 곳에서도 생물 축적의 효과는 중요할 수 있으며, 특히 우리나라와 같이 다양한 해양생물을 식용으로 이용하는 곳에서는 그 문제가 심각해 질 수 있다. 한편 중금속은 종의 선택 온도를 낮추는 등 행동적 체온 조절(behavioral thermoregulation)에도 영향을 미칠 수 있다.

3.2.2 방사능

원자력발전소와 화력발전소 그리고 많은 공장들에서는 주변 수역으로 적은 양의 방사성 동위원소를 방출한다. 방사 독성(radiotoxicity)의 급성 효과는 물과 단백질 분자의 반응을 통해 세포에 손상을 입히는 것이다. 장기 효과는 대부분 유전물질에 집중된다(IAEA, 1976).

다양한 수생생물에 대한 이온화 방사선(ionizing radiation)의 치사 선량(致死線量, lethal dose)은 거의 3의 차수(order)에 걸치는 다양한 범위로 나타난다. 그림 4-5는 다양한 생물 집단의 반수 치사 선량(LD_{50})의 범위를 보여 준다. 대체로 생물의 체제가 복잡해질수록 방사선에 대한 감수성이 커진다. 한편 초기 발생 단계는 노성한 생물체보다 훨씬 민감하다. 수생생물을 치사시킬 수 있는 방사선량은 온배수 내에서 발견될 수 있는 선량보다 몇 차수 높은 범위이다.

수생생물은 금속을 축적시키는 것과 마찬가지로 조직 내에 방사성 원소를 축적시킨다. 표 4-3은 실험을 통하여 추정한 해양생물의 농축 계수(濃縮係數, concentration factor)를 나타낸다. 이 농축 계수는 주요 생물 집단 내에서도 종마다 큰 변이를 나타내며,

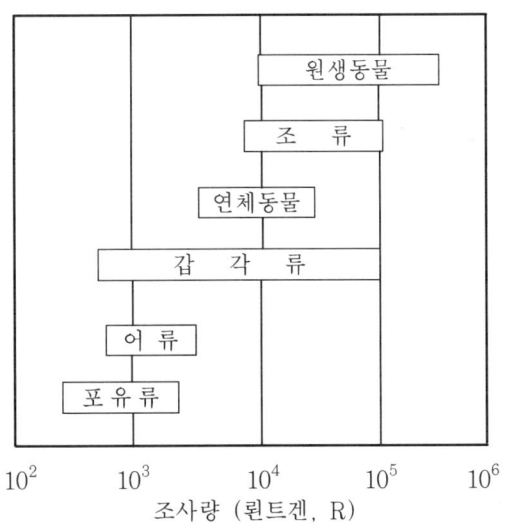

그림 4-5. 생물의 50%를 치사시키는 X선 또는 감마선의 선량. 1 뢴트겐 (R)은 2.58×10^{-4} coulomb/kg이다.

표 4-3. 다양한 해양생물 집단의 농축 계수

원소	생물집단	농축계수 범위	평균 농축계수
Cs	식물	17 - 240	51
	연체동물	3 - 28	15
	갑각류	0.5 - 26	18
	어류	5 - 244	48
Sr	식물	0.2 - 82	21
	연체동물	0.1 - 10	1.7
	갑각류	0.1 - 1.1	0.6
	어류	0.1 - 1.5	0.43
Mn	식물	2,000 - 20,000	5,230
	연체동물	170 - 150,000	22,080
	갑각류	600 - 7,500	2,270
	어류	35 - 1,800	363
Co	식물	60 - 1,400	553
	연체동물	1 - 210	166
	갑각류	300 - 4,000	1,700
	어류	20 - 5,000	650
Zn	식물	80 - 2,500	900
	연체동물	2,100 - 330,000	47,000
	갑각류	1,700 - 15,000	5,300
	어류	280 - 15,500	3,400
Fe	식물	300 - 6,000	2,260
	연체동물	1,000 - 13,000	7,600
	갑각류	1,000 - 4,000	2,000
	어류	600 - 3,000	1,800
I	식물	30 - 6,800	1,065
	연체동물	20 - 20,000	5,010
	갑각류	20 - 48	31
	어류	3 - 15	10

Ce	식물	120 - 4,500	1,610
	연체동물	100 - 350	240
	갑각류	5 - 220	88
	어류	0.3 - 538	99
K	식물	4 - 31	13
	연체동물	3.5 - 10	8
	갑각류	8 - 19	12
	어류	6.7 - 34	16
Ca	식물	1.8 - 31	10
	연체동물	0.2 - 112	16.5
	갑각류	0.5 - 250	40
	어류	0.5 - 7.6	1.9
Cu	식물	—	1,000
	연체동물	—	286
	어류	0.1 - 5	2.55
Mo	식물	12 - 42	23
	연체동물	11 - 27	17
	갑각류	8.9 - 17.3	13
	어류	7.6 - 23.8	17
Pu	식물	15 - 2,000	448
	연체동물	1 - 3.6	2.2
	갑각류	1 - 100	38
	어류	0.4 - 26	6.6
Zr-Nb	식물	170 - 2,900	1,119
	연체동물	8 - 165	81
	갑각류	1 - 100	51
	어류	0.05 - 247	86

(자료 : Eisenbud, 1973)

일반적으로 해양생물보다는 담수생물에서 농축 계수가 큰 경향이 있다. 생물 농축은 물에서 먹이 사슬을 통하여 생물을 거쳐 궁극적으로 사람에까지 이르게 된다는 점에서 중요한 문제가 될 수 있다.

생물 축적에 미치는 온도의 효과는 생물에 따라 다르고 다른 환경 조건에 따라 변화한다. 예를 들면 어떤 조류에서는 온도가 상승하여도 축적의 변화가 없는 반면, 다른 조류는 온도와 축적 간에서 역의 관계를 보인다(Harvey, 1974). 연체동물의 경우 온도가 상승할 때 축적이 증진된다는 증거는 요오드(I)의 동위원소의 경우를 제외하고는 거의 없다(Patel *et al.*, 1975).

4. 물의 흐름

수생생물은 생활사를 거치는 동안 물의 흐름이 변화하는 자연 서식처에 적응하게 된다. 먹이나 산소와 같은 기본적인 요구 조건의 충족은 별개로 하고, 물의 흐름은 회유 생물에게 직접적인 자극으로 작용할 뿐만 아니라 자손 번식의 원동력으로 작용한다. 기질의 조성과 부착군집의 조성 역시 물의 운동과 밀접하게 관련된다.

따라서 배수가 다량 방출되는 배출구 부근에서 물의 흐름이 변화하면 식물과 동물에게 영향을 미칠 수 있다. 특히 기질에서 고운 퇴적물이 제거되면 그와 같은 서식처에 적응한 생물들에게 명백히 영향을 미치게 된다. 물의 흐름 자체는 대체로 생물에게 해가 되지 않지만, 물의 흐름을 따라온 동물이 취수구 스크린과 같이 단단한 물체에 부딪치면 치사 현상이 나타날 수 있다.

물의 흐름에 대하여 어류는 유인되거나 회피하고 또는 유영

속도가 변하는 등 몇 가지 방식으로 반응한다. 실험실 조건에서 어류는 대체로 물이 흐르는 방향을 향해서 헤엄치는 양성 주류성(走流性, rheotaxis)을 나타낸다. 물이 흐르는 속도에 따라 헤엄치는 속도가 차츰 증가하다가 임계 속도에서 정지 상태를 유지하지만, 임계 속도를 넘어서면 물의 흐름을 따라 어류가 아래로 밀려간다. 그러므로 배수 속도가 매우 빠른 곳에서는 어류가 배출구로부터 휩쓸려 갈 수 있다.

세균과 균류에 미치는 영향

    자연 수역에 존재하는 세균(細菌, bacteria)과 균류(菌類, fungi) 그리고 원생동물(原生動物, protozoa)의 대부분은 종속영양 분해자(heterotrophic decomposer)들이며, 유기물질의 분해에 필수적이다. 수생미생물들은 냉각 계통을 따라 운반될 수 있고, 적절한 조건에서 냉각 계통 내부의 표면에 정착하거나 주변 수역으로 방출되기도 한다.

1. 세 균

세균은 자연 수역 어디에나 분포한다. 대부분의 세균은 진정한 종속영양생물이지만 일부 화학합성 세균(chemosynthetic bacteria)은 암모니아, 황 그리고 철의 화합물을 산화하여 에너지를 얻을 수 있다. 한편 광합성 세균(photosynthetic bacteria)은 식물이나 조류에서 발견되는 엽록소와 유사한 세균 엽록소(bacteriochlorophyll)를 이용하여 광합성을 한다.

외양에는 대부분의 하구역이나 담수보다 덜 풍부하게 세균이 존재한다. 호수와 바다에서 세균의 수직 성층이 나타나고, 수온약층(水溫躍層, thermocline) 아래에서 밀도가 증가하는 경향이 있다.

세균의 수는 온도와 영양소 순환에 따라 계절적으로 변화한다. 해양 세균은 토양 세균과 달리 특정한 군집을 형성하고, 나트륨, 할로겐 이온, 마그네슘 및 칼슘을 추가로 필요로 한다. 세균은 많은 수생생물, 특히 물로부터 입자성 물질을 여과 섭식하는 생물이나 부패되는 유기물질을 섭식하는 생물들에게 중요한 먹이의 근원이 된다. 어떤 세균은 기생을 하고, 다른 어떤 세균은 질병을 일으키는 병원성 세균인데, 특히 후자는 온배수와 관련이 있다.

1.1 온도 내성

세균은 일반적으로 온도에 가장 잘 견디는 생물로 간주된다 (Brock, 1985). 대부분의 세균은 85℃ 이상의 온도에서 활성도가 급격하게 감소하지만, 온도 93℃ 이상의 온천에서 생육하는 종도 있다. 최근에는 태평양의 심해저 열수공(熱水孔, hydrothermal vent) 주위의 온도가 매우 높고 황이 다량 함유된 물에서 세균이 분리되었다. 이 열수 세균은 265 기압의 250℃에서 최적 조건을 보이고 300℃에서도 자라는 것으로 밝혀졌다. 압력을 대기압 수준으로 낮추어도 100℃에서 활발하게 생육하였다.

저온 세균(低溫細菌, psychrophilic bacteria)은 0~2℃의 온도 범위에서 가장 잘 자라고, 일부 세균은 -11℃에서도 대사작용을 하는 것으로 보고되었다. 바다 부피의 90% 이상을 차지하는 심해가 대체로 -1~5℃의 수온을 보이는 저온 환경이므로 저온 세균은 광범위한 분포를 보인다. 저온 세균의 정상적인 생존 온도 범위는 0~20℃이다.

중온 세균(中溫細菌, mesophilic bacteria)은 20~45℃의 온도에서 최적 생장 범위를 갖는 세균이다. 우리가 알고 있는 세균의 대부분이 여기에 속한다.

고온 세균(高溫細菌, thermophilic bacteria)은 45℃ 이상의 높은 온도에서 최적 생장을 나타내며, 많은 종들이 50~70℃에서 잘 자란다. 수생 고온 세균은 온천과 같이 평균적인 환경 온도보다 수온이 높은 서식처에서 흔하게 출현한다.

발전소에서 배출되는 온배수의 온도가 40℃를 넘는 경우는 별로 없으므로, 절대 고온성 세균(obligate thermophile)의 최적 조건이 될 경우는 드물다. 그렇지만 한대 지역에서 온도가 10℃ 상승한다면 일부 절대 저온성 세균(obligate psychrophile)의 서식처가 파괴될 수 있다.

1.2 화학 내성

오랫동안 세균을 박멸하거나 죽이는 살균제(bactericide)로 염소와 기타 할로겐(halogen)들을 사용하여 왔다. 염소를 이용하여 하수를 처리하면 처리 이전의 생하수(生下水, crude sewage)와 비교하여 세균의 활성이 99.9% 감소하는 것으로 밝혀졌다(Klein, 1962). 구리(Cu), 납(Pb) 그리고 크롬(Cr) 역시 각각 0.5 mg ℓ^{-1} 이하, 1.0 mg ℓ^{-1} 그리고 0.01 mg ℓ^{-1}의 농도에서 세균의 활성을 억제한다. pH의 감소 또한 비슷한 양상을 보인다. 한편 세균은 중금속과 방사성 동위원소를 매우 효율적으로 축적한다.

1.3 냉각 계통의 세균

냉각 계통의 세균은 다음과 같이 분류할 수 있다.
① 오손형(汚損型, fouling type): 표면에 정착하여 열 교환을 감소시키거나 관을 막히게 하는 세균,
② 손상형(損傷型, damaging type): 생화학적 작용을 통하여 부식이나 구조적 손상을 일으키는 세균,
③ 병원형(病原型, pathogenic type): 다른 생물에게 전달되었을 때 알레르기나 질병을 일으키는 세균,
④ 정화형(淨化型, purifying type): 질소 순환(窒素循環, nitrogen cycle)과 같이 자연계에서 일어나는 순환 과정에 도움이 되는 세균과 냉각 계통의 암모니아성 화합물(ammoniacal compound)을 환원시키는 세균.
물론 이와 같이 분류하기 어려운 세균도 많고 냉각 계통에 들

어오기 전의 수체에서 다른 기능을 수행하는 세균도 많지만, 나름대로 이들 네 가지 범주는 냉각 계통과 관련된 세균의 관점에서 중요하게 간주될 수 있다.

1.3.1 오손 세균

물에 잠긴 고체의 표면에는 오손 부착생물 군집(汚損付着生物群集, fouling community)이 형성되는 첫 단계로써 세균과 다른 미생물들이 매우 빠르게 자리잡는다. 이제까지 조사된 바에 따르면 금속을 물에 넣었을 때 4시간 이내에 세균이 표면에 부착하였으며(Gerchakov & Sallman, 1978), 해수에 담근 슬라이드 유리에서는 1주일 후에 cm^2당 2×10^6 세포의 세균이 발견되었다(Corpe, 1972). 물이 채워진 속도랑, 파이프, 냉각탑과 복수기 관의 표면에는 주로 세균과 균류로 구성되는 엷은 점탄성 층(粘彈性層, viscoelastic layer)이 형성된다. 이러한 층은 파이프에서 마찰 저항을 높여서 흐름을 55%까지 감소시킨다.

세균과 균류는 복수기 관의 주요 열 교환 표면에 생육하기도 한다. 이들 생물에 미세한 유기 입자와 무기 입자가 흡수되면 단열층(斷熱層, insulating layer)이 형성되고, 따라서 열 교환 효율이 감소된다. 미국의 전력 산업에서 이러한 유형의 미생물 오손에 의한 손실이 매년 약 4억 달러(1975년 가격)에 달하는 것으로 추산된다.

미생물 군집이 형성되고 변천하는 천이(遷移, succession) 과정은 대체로 예측이 가능하며, 개방된 환경에서는 대형 오손 부착생물 군집(macro-fouling community)의 전조가 된다. 고체 표면에 미생물 오손층이 형성되는 단계를 표 5-1에 나타내었다. 유기 입자가 흡착되면 세균과 균류의 생장이 촉진되고, 이들 생물이 지

표 5-1. 수중 환경에 잠긴 고체 표면의 미생물 오손 단계

1. 조절 단계 또는 표면의 분자 오손. 분자량이 큰 물질과 분자량이 적은 영양소의 흡착이 이루어짐. 미생물들은 직접 관여하지 않음.

2. 조절된 표면에 개척자 세균이 부착하고, 다리 중합체(bridging polymer)를 형성하여 부착을 촉진함.

3. 이차 종류들의 부착과 집락 형성: 자루 세균(stalked bacteria), 발아 세균(budding bacteria) 및 사상 세균(filamentous bacteria); 미세 조류와 다양한 원생동물.

4. 축적 단계. 미생물 막에 입자, 죽은 세포 및 부스러기들이 부착함.

수 생장(指數生長, exponential growth)을 보이면서 일단 표면을 덮고 나면 생장률이 선형 생장(線形生長, linear growth)으로 바뀐다. 오손층이 두꺼워짐에 따라 산소 확산이 제한되면서 생장률이 둔화된다.

냉각 계통을 오손시키는 세균의 종류는 취수하는 물의 군집과 냉각 계통의 조건에 따라 달라진다. 개척자(開拓者, colonizer)에 해당하는 세균이 장기간 생존하기 위하여는 다음과 같은 특성이 요구된다.

① 목재, 콘크리트 또는 금속 표면에 달라붙는 능력,

② 관의 표면에서 침출되는 구리 또는 기타 금속 이온에 대한 내성,

③ 점질(粘質, slime)을 형성하고 미사(微砂, silt)를 잡는 능력,

④ 높은 온도 내성과 높은 생장 최적 온도.

열 교환기 관의 벽은 주변을 지나는 물보다 온도가 10℃ 가량 높아지므로 발전소 냉각 계통에서 온도가 45℃를 넘을 수 있다.

따라서 다양한 세균 가운데 고온 세균이 집락 형성(集落形成, colonization)에서 유리하게 된다. 많은 종류의 세균이 냉각 계통에서 분리되고 있으므로, 냉각 계통에는 자연적으로 출현하는 세균이 열과 오염물질에 내성을 갖는 다른 미생물과 함께 군락을 형성할 수 있다.

1.3.2 손상 세균

오랜 동안 세균이 금속과 콘크리트의 부식 과정에 관여한다고 생각하여 왔다. 나무가 썩는 데에도 균류와 함께 몇 종의 세균이 관여한다. 부식 과정에는 무산소성 전기화학 반응과 세균의 물질대사에 따른 화학 변화가 포함된다. 효소 추출물만으로 부식이 일어나지 않는다는 사실은 살아있는 세균이 물질대사 과정에서 다른 촉매제를 생성한다는 것을 가리킨다. 일부 세균(*Desulphovibrio desulphurans*, *Clostridium aceticum*, *Thiobacillus thioxidans*)의 대사에서 생성되는 황화수소, 아세트산 및 황산과 같은 산성 대사물질들은 명백한 부식제이다.

일단 표면에 구멍이 생기면 세균에 의하여 작은 돌기(tubercle)가 형성되면서 부식 과정이 촉진된다. 콘크리트에서는 *Thiobacillus concretivorus*가 빠르게 부식을 일으킬 수 있다. 콘크리트의 높은 황 농도는 황과 황산염을 환원시키는 세균에게 이상적인 기질을 제공한다. 최적 활성은 약 30℃에서 나타난다.

1.3.3 병원 세균

병원 세균의 몇 집단(이를테면 *Vibrio cholerae*, *Salmonella*)은 표층수에서 장기간 생존할 수 있다. 발전소의 냉각 계통 가운데 특히 냉각탑을 거치는 계통은 인간의 병원체를 배양하는 체계로 간주될 수 있다. 이렇게 냉각탑에서 번식하는 세균 가운데 가장 널리 알려진 생물은 레지오넬라(*Legionella*)이다. 1976년 늦여름에 미국 필라델피아의 재향군인대회의 출석자 4,500명 가운데 182명이 호흡기 감염증(재향군인병, Legionnaires disease)에 걸려서 29명이 사망하였다. 이때 분리된 세균이 *Legionella pneumophila*로 명명되었고, 이 유행병의 병원체로 확인되었다. 이후 미국뿐만 아니라 호주와 유럽 등 여러 나라에서도 이 세균에 의한 질병이 보고되었는데, 특히 산업체의 냉각 계통, 공기 조화기 그리고 가정의 온수기 등에서 발견되고 있다. 이 세균의 최적 생장온도는 약 35℃이며, 60℃ 이상의 온도에서 치사한다.

굴, 대합 및 피조개 등의 패류와 생선뿐만 아니라 뻘과 플랑크톤에서도 분리되는 *Vibrio vulnificus*는 해수와의 접촉, 수산물의 생식과 연관되어 소화기뿐만 아니라 다른 신체 부위에도 감염증을 일으키는 병원 세균으로 알려져 있다(Tison & Kelly, 1984). 염분도와 수온의 변화는 *V. vulnificus*의 생존에 중요한 영향을 미치는 것으로 밝혀졌다(김과 권, 1997). 담수에서 이 세균은 온도에 관계없이 생존하지 못하였지만, 기수와 해수에서는 온도가 높을수록 생존기간이 길게 나타났다.

1.3.4 정화 세균

정화형으로 분류되는 세균에는 표층수에서 유기물질을 분해하고 특히 오염된 물에서 자기정화작용(自淨作用, self-purification)에 중요한 집단이 포함된다. 대규모의 냉각 계통에서 가장 널리 연구된 종류는 *Nitrobacter*나 *Nitrosomonas*와 같은 질화세균(nitrifying bacteria)인데, 이들은 냉각탑에서 암모니아를 질산과 아질산으로 산화시킨다(Humphris & Rippon, 1978).

1.4 냉각 계통에서 염소와 열의 효과

일반적으로 염소 처리는 열 교환기에서 점질을 효과적으로 조절한다고 간주되고 있다(White, 1972). 그렇지만 이미 형성된 점질에서는 염소를 처리하여도 세균을 효과적으로 죽이는 경우가 드물고, 점질 층이 두꺼워질수록 그 효과는 더욱 줄어든다는 견해도 있다(Rippon & Wood, 1970). 실험실 조건에서 염소를 주입하면 오손된 관에서 마찰 손실(frictional loss)이 감소하는데, 이는 세균을 죽이고 점질 막이 제거된 결과라고 추정된다. 오손된 표면의 세포수 역시 염소 처리 후 감소하는 것으로 나타났다. 점질의 표면 층이 오손 방지 처리에 의하여 제거되면 그 아래층에서는 생장이 촉진된다.

2. 균류와 원생동물

2.1 균 류

자연 수역에서 발견되는 균류(菌類, fungi)는 냉각 계통과 상당히 관련되어 있는데, 이는 오손되고 나무가 썩는데 균류가 관여하기 때문이다. 균류는 자연 수역에서 현지성(現地性, autochthonous) 물질과 타지성(他地性, allochthonous) 물질을 분해하고 지렁이와 작은 갑각류의 먹이가 된다는 점에서 세균과 비슷하거나 상보적인 역할을 한다. 담수와 해수 모두 물에 잠긴 목재에서는 균류 가운데 특히 일부 자낭균류(子囊菌類, Ascomycetes)와 불완전균류(不完全菌類, Fungi Imperfecti)가 발견된다. 연안에서는 여러 종의 균류가 해조류 엽상체와 관련되고, 한 종(*Phyllachorella oceanica*)은 모자반속(*Sargassum*)에서 발견된다.

자연적으로 출현하는 고온성 균류(高溫性菌類, thermophilic fungi)는 19세기말부터 알려지기 시작하였으나, 1963년까지 단 여섯 종만이 기재되었을 뿐이다(Farrel & Rose, 1967). 고온성 균류의 생장 온도 범위는 일반적으로 20℃에서 50℃ 사이이지만, 내성이 강한 종(이를테면 *Aspergillus fumigatus*)은 이보다 높거나 낮은 온도에서도 자란다. 고온성 균류의 온도 한계는 고온성 세균의 온도 한계와 다르다.

균류는 냉각 계통의 열 교환 표면에 형성되는 점질을 구성하는 생물이다. 이들은 오손 물질을 서로 묶어서 쉽게 제거되지 않도록 도와주는 역할을 한다. 균류는 염소 처리에도 쉽사리 반응을 보이지 않으며, 저항성 홀씨를 만들어 매우 빠르게 번식할 수 있다. 냉각 계통에서 점질의 축적과 균류의 출현량은 매우 밀접한 관계가 있다.

오손 물질에서 분리되는 균류로는 *Aspergillus, Cephalosporium, Paecilomyces, Penicillium*과 *Trichoderma* 등이 있다. 열 교환기와 냉각탑에서는 *Torula, Odium*과 *Monilia* 등의 효모(酵母, yeast) 역시 발견된다.

대규모 냉각 계통에서 전형적으로 검출되는 농도의 염소 처리는 냉각 계통의 균류를 효율적으로 조절하지 못하는 것으로 간주된다(Rosenwig *et al.*, 1983). 그러나 세포벽을 갖지 않는 부정형의 원형질 덩이인 점균류(粘菌類, slime molds)의 경우에는 가열된 물에서 $1.0 \, mg \, \ell^{-1}$ 이상의 단속적인 염소 투입이 효과적이다(McKelvey & Brooke, 1959).

지속성 오손층을 제거하려면 결국 물리적이나 기계적 방법이 필요하다. 목재의 경우 구리염, 크롬산염 또는 비산염으로 전처리하면 균류를 방지하는데 효과적이다.

2.2 원생동물

원생동물(原生動物, protozoa)은 다른 미세한 생물 집단과 마찬가지로 널리 분포하는 특성을 갖는다. 물에 생육하는 종의 대부분이 탄소원으로서 유기물을 필요로 하며 부유생물이다. 자연 수역에서 생육 상한 온도는 약 50℃이다.

인체의 병원성 아메바(*Naegleria fowleri*)가 뜨거운 물이 솟아나는 곳과 산업 배수에서 발견되었다(Shapiro *et al.*, 1980). 이 아메바성 편모생물은 원발성 아메바성 뇌수막염(primary amoebic meningoencephalitis, PAME)이라 부르는 질병의 병원 생물이다. 이 질병은 잠복기가 4~7일이고, 2~5일 이내에 치사시킨다. 이 생물은 자연적인 고온성 생물이며, 37~45℃의 온도에서 자랄 수 있다.

이 병원성 아메바는 염소 처리하였을 때 다소 효과가 나타나며, 대부분의 냉각 계통에서 장기간 염소 처리하면 생존할 가능성이 적다. 그렇지만 미국의 발전소에서 수행한 연구 결과에 따르면 *Naegleria*를 죽이려면 6시간 동안 $2.0 \, \text{mg} \, \ell^{-1}$ 이상의 염소 농도를 유지하여야 하는데, 배수역의 어류 생존을 위하여는 탈염소 처리가 필수적이다.

제**6**장

식물플랑크톤과 해조류에 미치는 영향

1. 내성과 분포

　자연에서 조류(藻類, algae)는 한대 연안의 −40℃에서 온천의 75℃에 걸친 넓은 온도 범위에 분포한다. 남조류(藍藻類, blue-green algae)는 뜨거운 물이 솟아나는 샘물이 흐르는 하천에서 선명한 색을 띠며 바닥을 덮고 있다. 이들 대부분은 협고온성(狹高溫性, warm-stenothermal 또는 stenothermal thermophile)이며, *Synchoccus* 와 같은 단세포 조류와 *Mastigocladius*와 쪽실속(*Phormidium*) 등의 사상(絲狀, filamentous) 조류들로 구성된다. *Mastigocladius*와 쪽실속의 조류들은 엽록소(葉綠素, chlorophyll)를 지닌 수생생물 가운데 온도 내성 한계가 가장 높은 생물이다(Castenholz & Wickstrom, 1975). 즉 이들 종이 60~80℃의 온도 범위를 보인다고 보고되었으나, 생존 가능한 최고 항온(最高恒溫, the highest constant temperature)은 약 75℃로 추정된다. 뜨거운 물이 흐르는 하천에는 섭식동물이 없기 때문에 선명한 오렌지색을 띠는 사상 세균의 층 위에 남조류가 두꺼운 층을 이루며 자란다(Brock, 1985).

한편 남조류는 특히 더운 지방에서 여름에 수온이 상승함에 따라 그 양이 증가하는 경향을 보인다. Hawkes(1969)는 주요 조류 집단의 최적 생장 온도를 다음과 같이 개괄적으로 정리하였다.

돌말류(硅藻類, diatoms): 15~25℃
녹조류(綠藻類, green algae): 25~35℃
남조류(藍藻類, blue-green algae): 30~40℃
(극단적인 고온성 남조류는 제외)

물론 여기에도 예외는 있다. 이를테면 돌말류 땅콩돌말의 일종(*Achnanthes marginulata*)은 35℃ 이상의 온도에서 출현하는 반면, 남조류 흔들말의 일종(*Oscillatoria rubescens*)은 4~10℃에서 최적 생장 범위를 보이는 협저온성(狹低溫性, cold-stenothermal) 생물이다. 조류의 대부분은 5~32℃의 온도 범위에서 생육하는 중온성 생물(中溫性生物, mesotherm)로 예상되지만, 이 범위 내에서 서로 다른 온도 내성을 갖는 계통이 진화할 수 있다(Patrick, 1974).

조류 가운데 많은 종이 연안의 조간대(潮間帶, intertidal zone)에 서식하는데, 이 구역은 조석에 따라 온도가 몹시 변하고 건조되는 정도가 다르게 나타나는 곳이다. 많은 해조류(海藻類, marine algae)는 이와 같은 서식처에서 생존할 수 있는 휴지기를 갖거나 독특한 생리적 전략을 갖추도록 진화하였다.

조류는 서식 방법에 따라 물에 떠서 생활하는 식물플랑크톤(浮遊植物, phytoplankton)과 단단한 바위 표면이나 다른 식물에 부착하는 저서조류(底棲藻類, benthic algae)의 두 가지 기능적 집단으로 구분된다. 냉각수와 온배수의 효과를 살펴 볼 때, 먼저 식물플랑크톤은 대체로 개체가 작기 때문에 냉각 계통을 따라 연행(連行, entrainment)되고 통과하기 쉽다. 반면에 고착성인 저서조류는 배수구 부근에서 온배수의 영향을 받기 쉽다. 경우에 따라서는 정상적으로 부착하는 조류가 물살에 휩쓸려 일시적 부유식물이 될 수도 있고, 어떤 저서조류는 냉각 계통 내의 표면에 착생할 가능성도 있다.

2. 냉각 계통 내의 식물플랑크톤

2.1 오손 조류

조류의 많은 종이 넓은 범위에 걸친 온도에 내성을 갖고, 냉각 계통에서 생존하거나 번식할 수 있는 오염 생물이 된다. 이와 같은 오손 조류(汚損藻類, fouling algae)는 냉각탑 계통에서 가장 성가신 문제가 되며, 대체로 빛이 쪼이는 구조물에서 풍부하게 자란다. 이러한 오손 조류에는 사상 녹조류인 대마디말의 일종(*Cladophora glomerata*), 남조류 및 돌말류 등이 포함된다.

냉각 계통에서 오손 조류를 제거할 때 농도 $1.0\,mg\,\ell^{-1}$ 이상으로 염소를 처리하거나, 제초제 또는 특정한 살조제를 사용한다. 냉각 계통에 출현하는 종들은 명백히 환경 압박에 적응되어 있으므로, 자연 수역에 분포하는 조류와 비교하여 볼 때 오손 방지 처리에 대한 저항성이 훨씬 더 높을 수 있다. 실제로 대마디말의 일종(*Cladophora glomerata*)과 일부 남조류는 오염에 대한 내성이 높은 생물로 널리 알려져 있다(Hynes, 1960).

2.2 연행의 효과

발전소 냉각 계통의 연행이 조류에 미치는 효과를 평가하는데 사용되는 방법과 기준이 차이가 많아서 장소에 따른 비교 가능성이 거의 없다.

일반적으로 대조(control) 시료는 냉각수의 취수구 또는 그 부근에서 취한다. 냉각 계통을 통과한 시료는 배수구에서 취하는데, 배수가 주변 수역과 혼합되기 전에 시료를 취하는 것이 바람직하다. 경우에 따라서는 이와 같은 혼합을 미연에 방지하기 위하여 배수구로 나가기 전의 속도랑에서 시료를 취하기도 한다.

냉각수가 조류에 미치는 효과를 나타내고 정량화하는데 사용되는 기준은 다음과 같은 4가지 범주로 분류된다.

① 수도(數度, abundance) : 단위체적당 또는 단위면적당 개체수로 표시

② 생물량(生物量, biomass) : 단위체적당 또는 단위면적당 엽록소 *a*의 양 또는 무게로 표시

③ 생존율(生存率, viability) : 단위체적당 또는 단위면적당 ATP 또는 효소의 양으로 표시

④ 일차생산력(一次生產力, primary productivity) : 명암병(明暗瓶, light and dark bottle)에 취한 시료에 포함된 세포들에 의한 ^{14}C - 포도당(^{14}C-labelled glucose)의 동화율(同化率, assimilation rate)

로 표시. 경우에 따라서는 취수구와 배수구에서 호흡률(呼吸率, respiratory rate)을 비교하기도 한다.

발전소에서 방출되는 온배수가 주변 수역의 부착조류에 미치는 영향을 평가할 때에는 군집의 다양성과 종조성의 변화를 조사한다. 대체로 자연 상태에 출현하는 저서조류를 대상으로 조사를 수행하지만, 물기둥의 원하는 수심에 슬라이드 유리나 플라스틱 줄과 같은 인공 기질(人工基質, artificial substrate)을 매달아 인공 기질에 부착하는 조류를 조사하기도 한다. 식물플랑크톤 시료를 채취할 때에는 펌프, 채수기(採水器, hydrographic sampler) 또는 예인 그물(tow net)을 이용한다.

냉각 계통을 따라 연행하는 플랑크톤을 채취하는데 사용되는 방법으로는 자연의 물기둥에서 플랑크톤이 분포하는 고유한 특성인 무리 짓기(patchiness), 즉 불균질(不均質, heterogeneity) 분포를 파악하기 어렵다는 점이 중요한 문제점으로 지적된다.

대부분의 수역에서 플랑크톤은 시간과 공간에 따라 수직적 및 수평적으로 불연속 분포(不連續分布, discontinuous distribution)를 나타낸다. 냉각 계통을 통과하면서 플랑크톤은 완전히 혼합되고, 따라서 다른 효과에 관계없이 분포에 큰 변화를 초래한다. 이렇게 플랑크톤이 혼합되면 그 결과 균질 분포(均質分布, homogeneous distribution)의 양상을 띠게 되고, 밀도와 생물량 그리고 활성의 측정에 반영되어 상황에 따라서는 취수구보다 배수구에서 그 값들이 높거나 또는 낮게 나타날 수 있다.

2.2.1 냉각 계통 내 온도의 효과

세계 각국의 발전소에서 냉각 계통을 통과하는 식물플랑크톤을 대상으로 취수구와 배수구에서 ^{14}C 동화율을 측정하여 생산력을 비교한 결과, 배수 온도 25℃ 미만에서는 40% 감소로부터

300~400% 증가에 이르기까지 넓은 범위로 나타났다. 배수 온도 23℃ 미만에서는 오히려 광합성이 촉진되는 경향을 보였으나, 27~28℃의 배수 온도에서는 약 20% 감소하였다(Coughlan & Davis, 1983). 그러나 배수 온도 33℃ 이상에서는 배수구의 생산력이 현저하게 감소하였으며, 35℃ 이상에서는 배수구의 생산력이 취수구의 생산력과 비교하여 40% 이하의 수준으로 낮게 나타났다.

냉각 계통 내의 높은 온도 때문에 플랑크톤이 연행되면서 세포가 손실된다는 견해도 있지만, 이제까지 조사된 바에 따르면 높은 온도와 세포 손실간에는 직접적인 상관이 없고, 오히려 세포의 최대 손실이 높은 온도가 아닌 중간적인 온도 범위에서 일어나는 것으로 조사되었다(Briand, 1975). 높은 배수 온도에 오랜 기간 노출되면 해양 식물플랑크톤이 심각한 효과를 받을 수 있다. 이를테면 여름에 높은 온도에 노출되는 시간이 증가함에 따라 ^{14}C의 동화율이 감소하였으나, 겨울에는 이러한 감소 현상이 나타나지 않았다. Millstone 발전소에서는 배수 온도가 29~34℃일 때 연행 직후의 동화율이 취수구의 16~39% 수준으로 감소하였지만, 배수로에서 수온이 다소 떨어졌을 때에는 동화율이 최저치의 15~30% 가량 증가하였다(Peck & Warren, 1978). 질산 환원효소(nitrate-reductase)의 활성 역시 높은 온도에서 억제되었으나, 염소 처리에 의한 영향은 그다지 많지 않았다.

식물플랑크톤이 냉각 계통을 지나는 동안 온도는 주로 플랑크톤의 대사 과정에 영향을 미친다. 약 37℃를 넘는 온도에서는 장기적 손상이 나타날 수 있으며, 일부 종에서는 40℃ 이상의 온도에 단기간 노출되어도 모두 사멸할 수 있다. 이제까지 조사된 바에 따르면 플랑크톤 개체군이 연행되면서 입은 부분적 손상이 비교적 짧은 시간 내에 회복되는 것으로 나타났다.

2.2.2 냉각 계통 내 살생제의 효과

연안에 세워진 발전소를 대상으로 수행된 연구를 통하여 염소 처리와 연행된 조류에서 일어나는 광합성간의 관계를 나타내는 모형이 제안되었다. Khalanski(1977)는 현장 조사로부터 얻은 자료를 바탕으로 0~0.41 mg ℓ^{-1}의 TRC 농도에 대한 로그 모델을 만들고, 이로부터 중간 유효 농도(median effective concentration: EC_{50})는 0.0002 mg ℓ^{-1}라고 결론지었다. 그 식은 다음과 같다.

$$\delta P\% = 94.7 + 5.35 \ln \delta Cl \ (mg \ \ell^{-1})$$

여기서 δP는 취수구와 배수구간의 일차생산력(^{14}C 동화율) 변화, 그리고 δCl은 총 잔류염소(TRC)의 농도이다.

이와는 달리 Fawley 발전소에서 조사된 연구에서는 0~1.5 mg ℓ^{-1}의 TRC 값에서 지수 관계가 발견되었다(Davis & Coughlan, 1978; Coughlan & Davis, 1983). 그 식은 다음과 같다.

$$C_o/C_i = 0.91 \ (Cl_r) \ e^{-4.75}$$

여기서 C_o와 C_i는 각각 배수구와 취수구의 ^{14}C 고정률, 그리고 Cl_r은 배양하기 전 시료의 TRC 농도(mg ℓ^{-1})이다. 이 연구를 통하여 EC_{50}은 0.14 mg ℓ^{-1}로 나타났는데, 이는 Khalanski가 계산한 값의 약 700배 높은 것이다. 물론 기법의 차이에 따라 결과가 다르게 나타난 것으로 해석되기는 하지만, 이렇게 두 결과가 큰 차이를 보인데 대하여는 충분히 설명되지 못하고 있다.

계속된 연구를 통하여 Coughlan과 Davis(1983)는 여러 발전소에서 비슷한 농도의 염소를 투입하였을 때 그 효과가 발전소마다 다르다는 사실을 발견하였다. 아울러 ^{14}C 동화를 억제하는데 요구되는 염소의 양이 외해에 면한 발전소에서 하구에 위치한 발전소보다 훨씬 더 많이 필요한 것으로 밝혀졌다. 외해에 면한 지점과 하구의 지점간에서 나타나는 차이는 수질, 특히 암모니아 농도의 차이로 설명된다. 암모니아는 자연 수역에 배출되는 염소의 화학 전환에 중요하다. 이를테면 염소 처리 과정에서 15 종류의 화합물이 형성되는데, 이 가운데 모노클로라민(monochloramine)이 식물플랑크톤에 가장 억제적이다(Erickson & Freeman, 1978). 염소를 처리하는 세 가지 방법, 즉 염소 가스 용액, 하이포염소산염(hypochlorite) 또는 전기 분해 방법 모두 식물플랑크톤 개체군에 있어서 총 잔류염소(TRC)와 ^{14}C 동화간의 관계에 큰 차이를 주지 않지만, 하이포염소산염 처리가 다른 두 가지 방법보다 낮은 EC_{50}을 보인다(Davis & Coughlan, 1984).

California 주의 발전소 냉각 계통에서 $0.5\sim0.6$ mg ℓ^{-1}의 TRC 농도 조건일 때 연행된 세포들에서는 ATP 생성이 $93\sim95\%$까지 감소하였다. 그렇지만 질산 환원 효소의 활성은 염소 처리에 의하여 별로 영향을 받지 않았다(Peck & Warren, 1978).

염소 처리 결과, 냉각 계통을 지나는 식물플랑크톤의 엽록소가 상실되고 세포수가 감소하는 것으로 보고되었다(Hamilton *et al.*, 1970). 죽은 세포에서는 엽록소 *a*가 붕괴되면서 페오피틴(phaeo-phytin)과 같은 산물이 만들어진다. 엽록소 *a*의 상실은 생산력 변화와 비슷한 추세를 따른다.

냉각 계통을 지나면서 해양 식물플랑크톤의 수도(數度, abundance) 역시 변화한다. Briand(1975)는 California 주 발전소 냉각 계통을 지난 식물플랑크톤의 세포가 평균 41% 감소하였다고 보고하였다. 계절별로는 25%에서 60%의 변이를 보였다. 와편모조류(渦鞭毛藻類, dinoflagellate)보다 돌말류가 훨씬 더 영향을 받았으며, 군집의 다양성은 취수구보다 배수구에서 항상 낮게 나타났다. 이렇게 배수구에서 다양성이 낮은 이유는 전반적인 출현종수의 감소 보다는 일부 종(*Gonyaulax polydora, Asterionella japonica*)의 우점도가 증가하였기 때문이다.

1987년 5월부터 1989년 2월까지 고리원자력발전소 냉각 계통을 통과한 식물플랑크톤의 치사율은 55% 가량으로 보고되었으며 (심과 여, 1992), 이러한 값은 월성원자력발전소의 치사율(2.0~66.8%) 또는 울진원자력발전소의 치사율(38.0~43.5%)보다 높은 수준이었다(여, 1992). 그렇지만 동일한 발전소에서 1996년 2월부터 12월까지 매월 고리 4개 호기의 냉각 계통 통과에 의한 식물플랑크톤의 치사율을 산정한 결과 각 호기별 연평균은 31.6~45.4%, 4개 호기의 월평균은 20.8~59.0%, 그리고 종합적인 평균 치사율은 37.1%로 계산되어, 1987~1989년에 보고된 치사율(약 55%)보다 훨씬 감소하였다(여와 김, 1998). 이렇게 장기적으로 볼 때 식물플랑크톤의 치사율이 감소한 것은 주변 수역에 존재하는 식물플랑크톤 군집이 만성적인 온배수의 스트레스에 어느 정도 적응하였기 때문으로 해석되었다.

2.2.3 염소 처리 후의 회복

실험적 연구에 따르면 광합성이 불리하게 영향을 받는다 하더라도 세포가 모두 죽지만 않는다면 군집은 비교적 짧은 시간 내에 회복되는 것으로 나타났다. 예를 들어 약 $0.1 \, mg \, \ell^{-1}$의 TRC 조건에서 광합성은 25% 억제되었지만, 노출 후 48시간만에 원상을 회복하였다(Brooks & Liptak, 1979). 더구나 $0.64 \, mg \, \ell^{-1}$ TRC에 30분간 노출하면 광합성이 완전히 억제되지만, 24시간 후에 약 50%의 수준으로 회복되었다. 이와 같은 효과의 정도와 회복률은 수온의 영향을 받는다. 2℃에서는 $1.43 \, mg \, \ell^{-1}$ TRC에 노출된 후에도 회복이 일어나지만, 10~12℃에서는 $0.5~1.4 \, mg \, \ell^{-1}$ TRC에 노출된 후 전혀 회복되지 않았다. 이들 실험으로부터 TRC의 중간 유효 농도(EC_{50})는 온도에 따라 $0.5 \sim 0.9$ mg ℓ^{-1}로 변화하는 것으로 나타났다. 해조류를 대상으로 실험한 연구에서도 이와 비슷한 경향이 나타났다(Goldman & Quimby, 1979).

실험실 조건에서는 0.1 mg ℓ^{-1} 이상의 TRC 농도에서 엽록소 *a*가 상실되었으며, 현장 조사에서도 같은 현상이 확인되었다. 엽록소의 붕괴에 따라 페오피틴의 양이 증가하였다.

미국 동부 Narragansett 만의 발전소에서 조사된 바에 따르면 냉각 계통에서 0.55 및 0.32 mg ℓ^{-1}의 TRC 농도에 노출되고 이어서 배수로에서 다소 낮은 TRC 농도로 고온에 노출되면 세포가 회복되지 않았다(Gentile *et al.*, 1976).

한편 골편돌말의 일종(*Skeletonema costatum*)을 배양하면서 5분과 10분간 염소에 노출시키면 비록 그 이후에 티오황산나트륨(sodium thiosulfate)으로 탈염소 시키더라도 생장률이 회복되지 않았다(Hirayama & Hirano, 1970).

2.2.4 기계적 효과

여러 발전소에서 조사된 바에 따르면 염소를 처리하지 않고 열이 가해지지 않더라도 연행 이후 식물플랑크톤의 수도와 대사가 차이를 보이는 것으로 나타났다. 이러한 사실은 오로지 냉각 계통의 기계적 압박과 관련된 것이다. 그러나 기계적 압박의 효과는 열 또는 염소 처리의 효과와 비교하면 훨씬 적다. 경우에 따라서는 배수구에서 생산력이 증가하기도 하는데, 이는 냉각 계통을 지나는 동안 통기(通氣, aeration)되고 혼합된 결과로 추정된다.

1985년 5월부터 1986년 5월까지 남해안 삼천포화력발전소에서 식물플랑크톤의 일차생산력을 조사한 결과 식물플랑크톤의 총생산력에 가장 큰 영향을 미치는 요인은 냉각 계통 통과에 따른 기계적인 영향으로 간주되었으며, 그 악영향의 범위는 11월의 최소 21.1%에서 3월의 최대 110.7%로 조사되었다(이와 진, 1987). 기계적인 효과가 3월에 100%를 초과한 것은 기계적인 영향에 따라 많은 식물플랑크톤이 사망하였거나 배양기간 중 광합성 능력이 저하된 반면 산소의 소비는 계속적으로 일어난 때문으로 추정되었다.

군체(群體, colony)를 이루거나 사상인 조류들은 펌프와 관을 지나는 동안 여러 조각으로 부서지며, 이렇게 분열된 세포들의 표면적이 증가하면서 ^{14}C 고정이 증가한다는 견해도 있다(Bradford & Burns, 1977). 영양소가 풍부한 심수층(深水層, hypolimnion)의 깊은 물을 취수하여 표층으로 방류할 경우에도 배수구 부근의 일차생산력을 증가시킬 수 있다.

간혹 배수구 부근에서 식물플랑크톤의 밀도나 생물량이 대규모로 감소하는데, 그 원인을 플랑크톤이 냉각 계통을 지나는 동안 열, 오염 물질 또는 기계적 충격을 받은 때문이라고 단정할 수는 없다(Coughlan & Whitehouse, 1977). 이러한 현상은 냉각 계통 내의 혼합 과정이 취수구에서 공간적으로 이질적인 농도를 보이는 세포들을 통합한 결과라고 해석되며, 더욱이 취수구에서의 조사가 주로 표층 부근의 플랑크톤 밀도가 높은 구역에서 이루어지고 있음을 간과해서는 안된다.

3. 주변 수역의 효과

　주변 수역에서는 방출되는 온배수가 대체로 빠르게 희석되고 혼합되며, 식물플랑크톤의 세대 시간(世代時間, generation time)이 짧아서 장기간의 연행에 따른 피해와 방출 효과가 그다지 중요하지 않다. 주변 수역의 식물플랑크톤에 미치는 온배수의 효과 가운데 가장 두드러진 것은 비록 발전소를 통과하면서 식물플랑크톤의 밀도와 일차생산력이 감소함에도 불구하고 수도가 증가한다는 것이다. 이렇게 상반된 결과는 생산력이 1% 가량 감소하여도 식물플랑크톤 종의 지수 생장이 개시될 수 있음을 시사하는 것이다. 이와 같은 생산력 감소는 개체군의 최대 크기를 감소시키고 시간적 조절을 변화시켜서 식물플랑크톤의 단계적 천이와 이에 의존하는 초식자의 불균형을 초래하여, 궁극적으로 생태계의 총생산을 감소시킬 수 있다(Cushing, 1976).

　식물플랑크톤이 냉각 계통으로 연행되는 초기 단계에는 ^{14}C 동화가 감소하지만, 연행되는 세포들이 배수로를 지나면서 ^{14}C 동화율이 회복되는 것으로 조사되었다(Fox & Moyer, 1973). 주변 수역에서 식물플랑크톤에 미치는 온배수의 효과를 측정할 때, 대부분의 조사는 온배수 확산역 가운데 배수구에 인접한 근역(近域, near-field)에 국한되고 있다. Khalanski(1981)에 따르면 식물플랑크톤의 활성은 배수구로부터 200 m 이내의 잔류 염소가 0.03 mg ℓ^{-1}를 초과하는 구역에서 억제되었다. 이와는 별도로 온배수의 높은 수온이 유독 조류(有毒藻類, toxic algae)의 대발생을 유발할 가능성이 있다는 견해도 있지만, 현장에서 이러한 경우가 보고된 사례는 아직 없다.

　이제까지 연구된 결과를 종합해 볼 때, 대규모 냉각 계통에서

식물플랑크톤이 연행되더라도 식물플랑크톤 군집을 완전히 파괴시키지 않음이 분명하다.

온배수가 주변 수역에 미치는 효과를 조사할 때 통계 처리의 조건을 만족시키기 위해서는 비록 근역이라 할지라도 엄청난 조사가 필요하다. 예를 들어 Millstone 발전소 부근에서 상세하게 조사된 바에 따르면, 비록 냉각 계통을 통과하는 동안 일차생산력의 80~100%가 억제되더라도 혼합 구역과 대조 구역간에서 통계적으로 유의한 차이는 나타나지 않았다(Carpenter et al., 1974). 연구자들은 생산력의 ±5% 변화를 감지하는데 조사정점당 88개의 표본이 필요하다고 결론지었다. 각 정점당 10%의 차이를 얻으려면 22개의 표본이 필요하고, 20%의 차이는 6개의 표본이 필요하다. 그러나 현장에서 수행된 연구의 대부분에서는 조사에 사용된 반복 시료의 수를 명시하지 않고 있다. 그러므로 현장에서 식물플랑크톤을 조사한 자료를 해석하고 서로 다른 지점에서 연구된 결과를 비교하는 데에는 주의가 요망된다.

이와 관련한 주요 문제점들은 다음과 같다.

① 시료를 채취하는 방법과 위치의 차이,

② 배양 방법과 배양 온도의 차이,

③ 공간적 및 시간적 이질성과 같은 요인을 구분하기 위하여 적절하게 통계 처리할 수 있을 정도의 크기로 표본을 추출하였는 지의 여부.

이와 같은 문제점들은 비단 식물플랑크톤뿐만 아니라 다른 생물 집단을 대상으로 수행된 유사한 연구들에게도 적용된다.

우리나라의 원자력발전소 가운데 처음으로 세워진 고리원자력발전소 주변 해역에서 발전소의 가동 이전인 1977년 6월부터 가동 이후인 1980년 12월에 이르기까지 식물플랑크톤 군집을 조사 비교한 결과, 배수구와 다른 정점에서의 현존량의 차이가 별로 크지 않은 것으로 나타났다(유와 이, 1982). 국내에서는 특히 고리원자력발전소를 대상으로 식물플랑크톤의 다양한 측면이 조사 연구되어 왔는데, 이를테면 미소플랑크톤(nanoplankton)의 중요성(심 등, 1991), 무생물환경과 일차생산자의 군집구조(여와 심, 1992), 일차생산자의 생물량과 생산력(여와 심, 1993) 등이 조사 되었다.

1987년 3월부터 1989년 2월까지 고리원자력발전소 주변 해역에서 식물플랑크톤 현존량을 조사한 결과 세포 크기 20 μm 이하의 미소플랑크톤 현존량이 항상 67% 이상으로 나타났으나, 온배수와 계절에 따른 상대적인 변화는 네트플랑크톤(net plankton)에서 뚜렷이 나타났고 배수구에서 최소의 현존량을 기록하였다(여와 심, 1993). 한편 엽록소 a량의 농도는 식물플랑크톤 현존량 분포와 비슷한 추세를 보였다.

최근에 여와 허(1999)는 고리 근해의 표영환경(漂泳環境, pelagic environment)내 식물플랑크톤 군집의 시공간적 변화를 밝혔다. 1995년 11월부터 1996년 12월까지 총 13회의 조사를 수행한 결과 총 162 분류군이 출현하였으며, 그 가운데 돌말류(diatoms)가 120종으로 가장 많았고, 와편모조류(dinoflagellates)가 34종이었다. 출현종 가운데 골편돌말의 일종(*Skeletonema costatum*)이 연중 우점종으로 기록되었다. 식물플랑크톤 현존량의 월 평균치 변화는 최저 94 cells/mℓ에서 최고 1,059 cells/mℓ에 이르며, 2월과 7월에 현존량의 peak가 나타났다. 발전소 주변 해역에서는 온배수에 의한 영향이 계절에 따라 차별적으로 나타나는데, 겨울과 가을에는 1~3 km의 수역에서 식물플랑크톤 현존량의 증가가 일어날 수 있는 반면 여름철 식물플랑크톤 현존량은 온배수의 영향이 상당히 부정적임을 나타내었다.

한편 서해안의 보령 및 서천화력발전소의 취수구와 배수구에

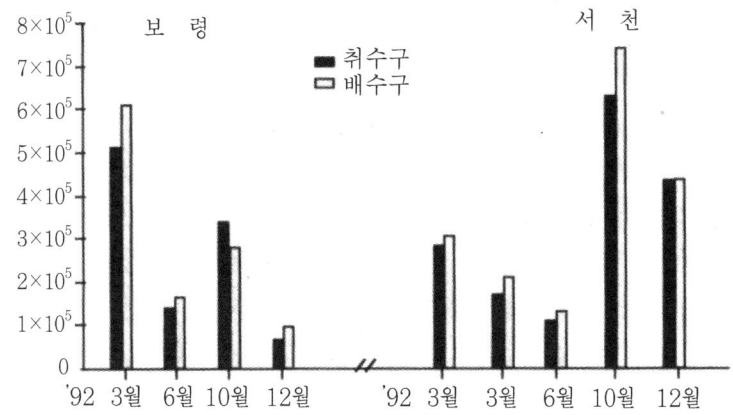

현존량(세포/ℓ)

그림 6-1. 서해안에 위치한 보령화력발전소와 서천화력발전소의 취수구와
배수구에서 1992년에 계절별로 조사한 식물플랑크톤의 현존
량 변화(자료: 이와 이, 1997).

서 1992년에 계절별로 조사한 식물플랑크톤의 현존량은 대체로
취수구보다 배수구에서 많은 경향을 보였다(이와 이, 1997). 그림
6-1에 보인 바와 같이 보령화력발전소에서는 10월의 경우를 제외
하고 배수구의 식물플랑크톤 현존량이 취수구보다 많았으며, 특
히 서천화력발전소에서는 4계절 모두 배수구에서 취수구보다 다
소 많은 현존량을 나타내었다.

4. 배수가 부착 미세조류에 미치는 효과

부유성 식물플랑크톤 개체군의 동적인 특성과는 대조적으로,
부착성 미세조류는 안정된 군집을 형성한다. 따라서 부착성 미세
조류는 식물플랑크톤보다 온배수와 기타 배수에 의하여 야기되

는 장기적 변화를 반영하는데 더욱 적합할 수 있다.

부착 미세조류를 조사하는 데에는 주로 인공저층(人工底層, artificial substrate)을 이용하며, 대체로 슬라이드 유리 또는 길고 가느다란 플라스틱 조각을 일정 기간 물 속에 담근 후 이들 인공저층에 부착하는 미세조류를 관찰한다. 연구의 편의를 위하여 슬라이드 유리 여러 개를 꽂을 수 있는 틀을 수면 아래에 매달아 두기도 하는데, 이와 같은 장치를 pralgometer(Trembley, 1960) 또는 diatometer(Patrick, 1969)라고 부른다.

Hein과 Koppen(1979)은 미국 New Jersey 주의 Oyster Creek 발전소에서 인공저층으로 발포 스티렌 수지(styrofoam)로 된 공을 이용하여 취수구와 온배수가 흐르는 배수로의 부착 미세조류를 비교하였다. 이 발전소의 배수로에서는 수온이 2.8~34.4℃의 범위이었으며, 6월~10월간 일 평균 수온이 29℃를 넘는 날이 87일이었다.

조사된 부착 미세조류 가운데 취수구와 배수로에서 공통으로 출현한 종은 43%에 불과하였다. 대체로 8월과 10월에 돌말류 종조성의 차이가 크게 나타났는데, 이때 취수구와 배수로의 염분도는 비슷하였고 온도의 차이는 각각 20℃와 9℃이었다. 그러나 온도 요인 한 가지가 돌말류 종조성의 차이를 유발하였다는 객관적인 증거는 없었다.

Kalin(1970)은 Northport 발전소의 온배수 영향을 받는 곳에서는 대조구역과 비교하여 부착 미세조류의 군집 다양성과 생물량이 낮다고 결론짓고, 총 영향역을 1.5km^{2}로 추정하였다. 한편 Lackey (1974)는 Turkey Point 발전소에서 수온이 40℃까지 올라가는 배수에서는 녹조류와 남조류가 부착조류로 나타난다고 보고하였다.

5. 해조류

5.1 외국의 연구사례

미국 Florida 주 Turkey Point 발전소의 배수로 어귀 부근에서는 정상적으로 출현하던 해조류와 잘피류의 식물상이 파괴되고, 대신 그 자리에 남조류가 출현하였다. 어떤 연구자는 영향역이 122 ha라고 보고한 반면, 다른 연구자는 영향역이 12~20 ha이고 그 바깥쪽의 8~10 ha가 다소 영향을 받는 구역이라고 보고하였다. 이렇게 정상적인 식물상이 사라지는 주된 원인은 33℃가 넘는 온도일 것으로 추정되며, 다른 아열대 해역에서 조사된 결과와도 부합된다. 그렇지만 Lackey(1974)는 배수로 어귀 부근의 영향역에서 소멸된 홍조류와 녹조류들이 배수로의 암반에 착생하기 시작하는 것을 관찰하였다. 그러므로, 비록 Thorhaug 등(1978)은 +5℃ 등온선 이내의 구역에서 정상적인 해조류가 사라진다고 보고하였지만, 온도 요인 한 가지가 이와 같은 변화를 야기하지는 않는 것으로 보인다.

조간대에 출현하는 해조류 가운데 어떤 종(예를 들면 *Batophora oestidii*와 *Acetabularia crenulata*)은 온배수 영향역에서도 생존하지만, 다른 종(예를 들면 *Halimeda*와 *Penicillus* spp.)은 수온이 35~36℃가 되면 소멸한다. 온도 이외의 요인들 역시 발전소의 온배수 확산역에서 해조상(海藻相, marine algal flora)의 변화를 야기한다(Kolehmainen *et al.*, 1975).

남조류 링비아(*Lyngbya*), 흔들말속(*Oscillatoria*), 갈래털속(*Schizothrix*)과 마디다발속(*Microcoleus*)들은 40℃까지 이르는 높은 온도에서도 잘 견딘다. 녹조류 가운데 온도에 대한 내성이 가장 강한 종류는 파래속(*Enteromorpha*)으로 39℃의 온도에서도 발견된다.

조간대의 해조류는 정상적인 조건에서 극단적인 온도와 건조에 대하여 내성을 가지므로 온배수의 영향을 받는 곳에서도 생존할 수 있다. 그렇지만 Arndt(1968)는 수온이 27~30℃가 되는 바위 해안에서 갈조류 아스코필룸(*Ascophyllum*)과 푸쿠스(*Fucus*)가 소멸하는 대신, 창자파래(*Enteromorpha intestinalis*)가 출현한다고 보고하였다. Coughlan(1969) 역시 Pembroke 발전소의 온배수 방출구에 파래속과 대마디말속(*Cladophora*)이 분포하고 있음을 관찰하였다. 이들 지역 모두 배수로의 유속이 빠르고 염소를 처리하는 곳이다.

태평양의 다시마류(kelp)인 마크로키스티스(*Macrocystis*)는 기본적으로 냉수성(冷水性, cold-water) 종이다. North(1969)는 California 주 연안에서 온배수의 영향을 받는 곳에서는 다시마류 밭(kelp bed)이 높은 수온에 의하여 악영향을 받을 것으로 예측하였다. 그러나 Adams(1969)는 Diablo Canyon 발전소에서 단지 0.7 ha만이 두드러지게 손상 받은 것으로 조사하였다. 그 원인은 열, 살생제 또는 배수에서 정상보다 높은 농도로 나타난 구리 때문으로 추정되었다.

온배수는 해조류의 수직적 대상분포(帶狀分布, zonation) 양식에 변화를 주기도 한다. Maine Yankee 발전소에서 온배수의 영향을 받는 구역에서는 발전소 가동 전에 우점하였던 대형 갈조식물 아스코필룸 노도숨(*Ascophyllum nodosum*)의 수직적 분포 구역이 감소하면서, 하부 연안대(下部沿岸帶, sublittoral zone)의 종들이 연안대(沿岸帶, littoral zone)로 분포를 확장하였다(Vadas *et al.*, 1976). 정상적으로 조간대 중부에서 발견되는 해조류들이 온배수의 영향을 받는 곳에서는 조간대 하부의 바위까지 분포역을 확장하기도 한다(Straughan, 1980). 이와 같은 변화는 온배수 방출구로부터 100 m 이내에서 나타나며, 온배수에 의하여 조간대에서 물에 잠기는 양상이 변화하기 때문으로 추정된다.

미국과 멕시코의 서해안에서 발전소 온배수에 의한 온도 경사를 조사한 결과, 주변 해수보다 7℃ 상승하는 수온에서는 대형 갈조류들이 제거되었다(Devinney, 1980). 주변보다 10℃ 이상의 구역에서는 다계절 조류(多季節藻類, ephemerals)들로만 구성되는 매우 한정적인 식물상이 나타났다.

5.2 우리나라의 연구사례

5.2.1 온도가 양식 해조류에 미치는 효과

우리나라에서 양식하는 주요 해조류는 김(*Porphyra* spp.), 미역(*Undaria pinnatifida*) 그리고 다시마(*Laminaria japonica*)가 주종을 이루고, 이들 외에도 파래(*Enteromorpha* spp.), 모자반(*Sargassum fulvellum*), 톳(*Hizikia fusiformis*) 등이 양식되고 있으며, 청각(*Codium fragile*), 갈래곰보(*Meristotheca papulosa*), 우뭇가사리(*Gelidium amansii*) 등도 미약하나마 양식을 시도하고 있다. 해조류의 어업권 면적은 최근 해마다 6만 ha 이상이고, 생산량은 50만~75만 M/T 그리고 생산액이 연간 약 3천억 원 규모에 달하면서 해조류 양식은 우리 사회의 중요한 산업으로 자리잡고 있다. 참고삼아 우리나라의 김 양식은 이미 15세기에 시작되었으며, 19세기 중엽에 오늘날 뜬발의 원형인 떼발이 개발되었다. 이것은 오늘날 세계 제1의 김 생산국인 일본보다 섶양식법은 80년, 수평발로서는 100년을 앞선 것이다(손, 1996).

온도의 변화가 이들 주요 양식 해조류에 미치는 효과를 간단

하게 살펴보기로 한다. 보다 상세한 내용은 해조양식학과 관련한
교재를 참고하기 바란다.

먼저 자연 상태에서 생육 상태로 판단한 김의 생장 적온은 다
음과 같다(강과 고, 1977). 가을이 되어 수온이 22℃ 전후에서 15
℃ 정도까지 저하하는 기간이 발아기(發芽期)이며, 15℃ 이하가
되면 생장기에 들어가고 온도가 차츰 더 내려감에 따라 매우 무
성하게 자라서 최성기(最盛期)로 된다. 이 경우 김의 수확 정도
로 보아 8℃~5℃가 생장 적온이라 할 수 있으며, 그 하한은 4℃
이다. 이후 봄이 되어 수온이 12~13℃가 되면 생육이 그치게 된
다. 김의 생육 초기에 수온이 15℃ 이하로 떨어져서 안정되기 전
에는 갯병의 우려가 많아 안심이 되지 않으므로, 김 양식에서는
'15℃ 한계'를 중요시하고 있다.

미역의 각 생장 단계별 온도 조건은 표 6-1에 보인 바와 같다
(강과 고, 1977). 우리가 식용으로 하는 미역, 즉 엽체는 운동성

표 6-1. 미역의 각 생장 단계별 온도 조건

생 장 단 계	온 도 조 건	계 절
유주자 방출	14~22℃, 17~22℃ 최적	4~7월
유주자 착생·발아	17~20℃, >23℃이면 불량	5~6월
배우체 생장	17~24℃, >23℃이면 생장 중지	5~7월
배우체 휴면	24~28℃, >32℃이면 죽기도 한다	7~8월
배우체 성숙·수정	<20℃ 및 >23℃이면 성숙 불능	9~10월
유엽 생장	15~17℃ 최적, >10℃이면 생장 늦음	10~11월
성엽 생장	<12℃ 적합, 5~10℃ 최적	12~4월
엽체 고사 유실	15~20℃ 성숙체 더 빨리 유실	4~7월

(자료 : 강과 고, 1977)

포자인 유주자(遊走子, zoospore)를 만드는 포자체(胞子體, sporophyte) 인데 가을부터 자라서 봄까지 성숙한다. 성숙한 엽체의 생장에는 12℃보다 낮은 온도가 적합하고, 5~10℃가 최적 온도 조건이다. 따라서 미역의 성엽이 생장하는 겨울에 자연 해수의 온도가 이상 고온 현상을 나타내거나 또는 온배수 확산역을 접하게 되면 정상적인 생장을 기대하기 어렵게 된다.

미역은 줄기가 길고 유주자가 생기는 포자엽의 주름 수가 많고 두꺼운 특징을 지닌 북방형과 줄기가 짧고 포자엽의 주름 수가 적은 남방형의 두 가지 품종으로 구분된다. 김과 남(1997)은 한국산 미역 배우체의 생장과 성숙에 미치는 온도와 빛의 영향을 조사하였다. 그 결과, 남방형은 25℃의 온도 조건에서 배우체의 생존율이 매우 낮았고, 30℃의 모든 광도 조건에서는 10~40일 이내에 사멸하였다. 북방형도 남방형과 마찬가지로 미역 배우체의 생존 임계온도가 30℃로 관찰되었으나, 남방형에 비하여 고온에서 빨리 괴사하는 양상을 보였다. 따라서 한국산 미역의 남·북방형 모두 생존의 주요 제한요인은 온도로서, 생존 가능상한 임계온도는 30℃ 부근으로 추정되었다.

한편 다시마 초기 생활사의 발아와 성장에 미치는 수온과 광량의 효과를 연구한 결과, 25℃의 수온에서 포자가 전혀 발아하지 않았다(강과 고, 1999). 5~20℃에서의 발아율은 70~86%이었는데, 이때 포자의 발아율은 광량에 따라 다르게 나타났다. 이 연구에서는 다시마 어린 포자체 성장의 최적 수온이 10℃로 밝혀졌다.

발전소 온배수가 미역과 다시마에 미치는 영향에 관하여는 최근 김 등(1999)에 의하여 상세한 연구가 수행된 바 있다.

5.2.2 발전소의 건설이 해조류에 미치는 영향

발전소의 건설은 대체로 수년의 기간이 소요되며, 부지를 매립하거나 준설하면서 엄청나게 많은 토사가 주변 해역으로 확산된다. 이렇게 토사와 같은 탁도 증가성 물질이 장기간에 걸쳐 대규모로 서식처에 유입되면 첫째 태양광의 투과를 감소시켜 광합성을 저해하고 해조류 조체의 표면에 점착하여 광합성이나 호흡을 억제하며, 둘째 토사의 퇴적으로 말미암아 해저면이 교란되면서 부착 해조류의 생육과 번식이 영향을 받으며, 셋째 해수 중의 부유물질 증가로 인하여 유해 미생물이 증식하면서 양식 해조류와 같이 밀식 생육을 하는 유용 해조류의 생장이 억제될 수 있다. 한편 건설 단계에서 또는 새롭게 건설된 구조물 주변에서 물의 흐름이 바뀌는 결과로 말미암아 퇴적물이 교란 받을 수 있다.

우리나라 최초의 원자력발전소인 고리원자력발전소 1호기는 1971년 11월에 착공되었으며, 발전소 건설에 앞서 1969년 6월부터 1970년 3월까지 수행된 해양학적 조사의 일환으로 부지 주변의 5곳에서 해조류 분포가 조사되었다(Choe & Chung, 1970). 이 목록에 수록된 해조류 141종 가운데 발전소가 위치한 고리 연안에서는 총 133종(녹조류 22종, 갈조류 39종, 홍조류 72종)이 출현하는 것으로 조사되었다. 이후 발전소 1호기의 건설이 마무리되고 상업운전을 시작한 1978년 4월을 전후하여 1977년 6월부터 1978년 12월까지 6회에 걸쳐 발전소 방파제에서 수행된 해조류 조사에서는 총 102종(남조류 3종, 녹조류 16종, 갈조류 30종, 홍조류 53종)이 관찰되었다(김과 이, 1980). 이 가운데 1969~1970년의 조사에서 밝혀진 해조류의 생육을 재확인한 종은 모두 71종(녹조류 11종, 갈조류 20종, 홍조류 40종)으로, 이는 1969~1970년에 고리 연안에서 조사된 해조류 133종의 53%에 불과한 수준이다.

한편 서해안에 위치한 영광원자력발전소 1·2호기는 1980년 12월에 동시에 착공되었는데, 건설 이전인 1979년 6월부터 1980년 4월까지 5회에 걸쳐 발전소 부지 주변 연안에서 조사된 해조류는 총 55종(남조류 1종, 녹조류 10종, 갈조류 14종, 홍조류 30종)이었다(한국원자력연구소, 1980). 이후 1호기가 준공된 1986년 8월을 전후한 1986년 5월~1987년 2월의 4회에 걸친 조사에서 발전소 취수구와 배수구 주변 그리고 인근의 월곡리에서는 총 68종(남조류 10종, 녹조류 9종, 갈조류 13종, 홍조류 36종)이 관찰되었다(김과 유, 1992). 발전소 건설 이전에 조사된 해조류와 공통적으로 생육을 확인한 종은 33종으로 1979~1980년에 밝혀진 해조류 55종의 60%에 불과한 수준이며, 반면에 추가로 관찰된 종은 35종이었다.

이렇게 두 원자력발전소에서 건설을 전후하여 많은 종이 사라지고 그 대신 새로운 종이 다수 출현하였다는 사실은 장기간에 걸친 각종 건설공사로 말미암아 부지 주변의 해조식생이 크게 변모하였음을 시사하는 것이다. 그밖에 동해안의 월성이나 울진 원자력발전소 주변에서도 건설을 전후하여 해조류 분포 조사가 수행되기는 하였지만(Kim & Lee, 1981; 한국원자력연구소, 미발표자료), 이들 모두 2~3개월에 걸친 단편적인 조사에 그치고 있어서 발전소의 건설에 따른 영향을 상세하게 파악하기는 어려운 실정이다.

5.2.3 발전소의 가동이 해조류에 미치는 영향

1) 정성적 측면

1986년 6월부터 1989년 1월까지 3년여 동안 계절별로 서해안의 영광원자력발전소 주변에서 해조류 종조성을 조사한 결과, 온배수의 영향을 받지 않을 것으로 간주되는 대조구역에서 83종이 출현한 반면, 배수구역에서는 28종만이 관찰되었다(김과 김, 1991).

동해안에 위치한 고리원자력발전소의 경우, 발전소 배수로에 인접한 조사정점의 해조류는 온배수의 영향을 다소 덜 받는 조사정점과 비교하여 볼 때 종조성이 전반적으로 빈약한 것으로 나타나고 있다(김, 1986; 김 등, 1992). 1987년 4월부터 1989년 2월까지 고리원자력발전소 배수구 주변에서 해조류 분포를 조사한 결과, 배수구로부터 약 8km 위치한 광역구역에서는 111종, 50~200m 떨어진 중간구역에서는 61종, 그리고 배수구로부터 0~50m의 근접구역에서는 41종의 해조류가 관찰되었다(김, 1993). 이렇게 수온의 상승이 해조군집의 구조적 특성에 미치는 변화는 유사도(similarity)를 바탕으로 발전소 부근의 해조류 분포를 조사한 정점들간의 집괴분석(cluster analysis)을 시행한 결과에서 배수구 부근의 정점이 다른 정점들과 확연하게 구분되는 점으로도 뒷받침된다(김 등, 1992).

동해안에 위치한 3개 원자력발전소(울진, 월성 및 고리)의 취수구 내면과 배수로 내면 그리고 배수구 외면(단 울진의 경우에는 취수구 외면)에서 1992~1998년에 걸쳐 계절별로 해조류 종조성을 조사한 결과는 그림 6-2에 보인 바와 같다(김, 1999a). 3개 발전소 모두 취수구 내면이나 배수구 외면(또는 울진의 경우 취수구 외면)에서는 계절 평균 30종 내외의 비교적 많은 종이 출현하였지만 온배수의 영향을 직접 받는 배수로 내면에서는 계절 평균 16~19종의 범위로 적었으며, 3개 발전소 모두에서 통계적으로 유의한 차이를 보였다($p<0.01$).

그렇지만 이와 같은 해조류 다양성의 감소는 대체로 배수구 부근 200m 이내(김, 1993) 또는 100m 이내(김 등, 1999)의 연안에서 관찰되고 있다. 이는 온배수가 빠른 유속으로 방출되면서 외

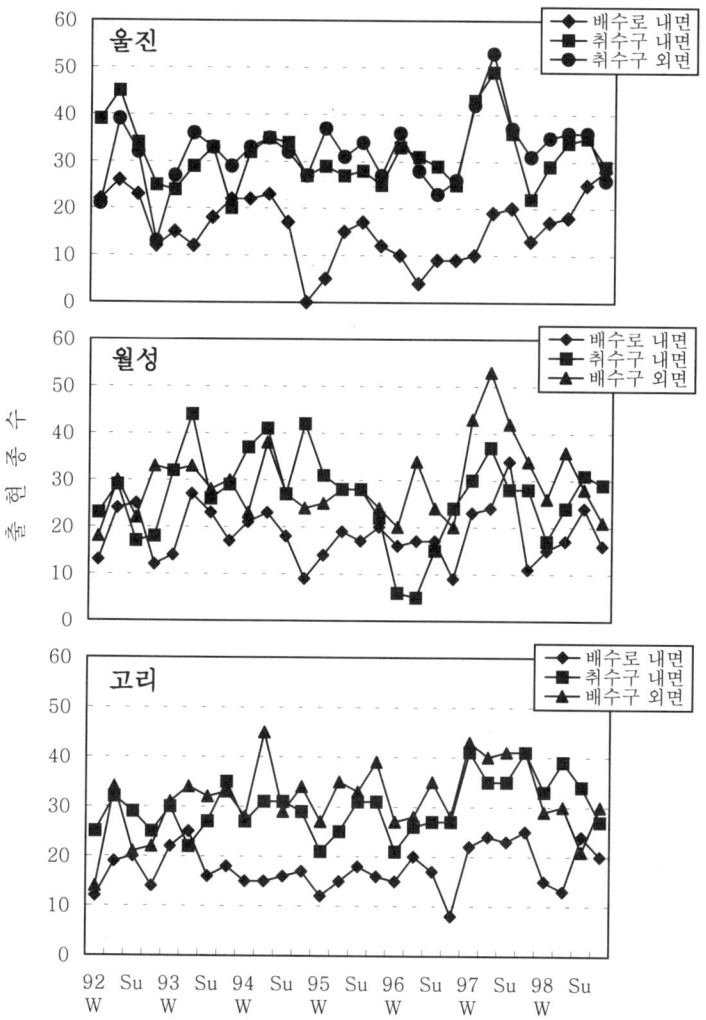

그림 6-2. 동해안에 위치한 3개 원자력발전소(울진, 월성 및 고리)의 취수구 내면과 배수로 내면 그리고 배수구 외면(단 울진의 경우에는 취수구 외면)에서 1992~1998년에 걸쳐 계절별로 조사한 해조류 출현종수(자료: 김, 1999a).

해 쪽으로 흐르게 되고 이에 따라 주변의 자연적인 온도를 지닌 해수가 배수구 주변 연안으로 끌려오기 때문이다(Kim, 1983).

한편 원자력발전소의 취수구와 배수로에 공통적으로 생육하는 해조류 개체군의 비교형태학적 조사 결과, 발전소 냉각 계통의 가동이 개체군 수준에서 생장률과 생장주기에 영향을 주는 것으로 밝혀졌다(김과 최, 1995). 동해안의 울진원자력발전소를 대상으로 수행된 조사에서 홍조식물 붉은까막살(*Prionitis cornea*) 개체군의 형태를 비교한 결과, 가을과 겨울에는 모든 측정 자료에서 취수구 집단이 배수로 집단보다 높게 나타났고, 대부분의 항목에서 통계적으로 유의한 차이를 보였다. 그러나 봄과 여름에는 이와 반대로 배수로 집단이 취수구 집단보다 대부분의 항목에서 높았다.

부챗살(*Ahnfeltiopsis flabelliformis*)의 형태 측정 결과는 모든 계절에 걸쳐 배수로의 개체군이 취수구 개체군보다 체장, 분지수, 개체의 현존량 그리고 하부 폭에서 높은 것으로 나타났다. 특히 배수로의 개체군은 봄과 여름 사이의 생장률이 매우 높아 체장, 분지수, 개체의 현존량에서 통계적으로 유의한 차이를 보였다. 이는 동일한 종이라 할지라도 발전소 취·배수로에 생육하는 해조류 개체군이 물리적 환경의 차이에 따라 서로 다른 생장주기와 생장률을 보이게 됨을 시사하는 것이다.

이와 비슷한 현상이 화력발전소 냉각 계통에서도 보고되었는데, 이(1987)는 남해안의 삼천포화력발전소 냉각 계통이 저서생물에 미치는 영향을 조사하여 취수로의 여름철 군집과 온배수 확산구역의 봄철 군집, 그리고 취수로의 가을철 군집과 온배수 확산구역의 겨울철 군집이 비교적 높은 유사성을 나타낸다고 밝혔다.

2) 정량적 측면

1978년 4월에 상업운전을 시작한 고리원자력발전소 1호기 배수구 주변에서는 우점종 홍조식물 작은구슬산호말(*Corallina pilulifera*)의 피도가 1977년에 비하여 1978년에 증가한 반면, 1977년의 피도 조사에서 배수구 주변에서 우점종으로 기록되었던 홍조식물 참도박(*Pachymeniopsis elliptica*)의 피도가 1978년에 현저하게 감소하였다(김과 이, 1980).

한편 서해안의 영광원자력발전소 1호기는 1986년 8월에 가동을 개시하였는데 가동 전인 1986년 5월에 배수로에서는 단위면적당 평균 생물량이 136 g dry wt m^{-2}로 다소 높게 측정되었으나 가동을 전후한 8월에는 23 g dry wt m^{-2}로 낮아졌고, 이후 1986년 11월과 1987년 2월에는 배수로에서 현존량을 측정할만한 식생을 발견할 수 없었다(김과 유, 1992). 배수구 앞의 암반에서도 빈약한 식생이 관찰되고 있어서 1995년 10월부터 1996년 8월에 걸쳐 계절별로 영광원자력발전소 주변의 해조류 생물량을 조사한 결과, 배수구 앞 암반의 연평균 생물량은 51 g dry wt m^{-2}로 북쪽에 위치한 상록해수욕장의 연평균 296 g dry wt m^{-2}의 약 17%에 불과한 수준이었다(김과 허, 1998).

동해안에 위치한 3개 원자력발전소(울진, 월성 및 고리)의 취수구 내면과 배수로 내면 그리고 배수구 외면(단 울진의 경우에는 취수구 외면)에서 1992~1998년에 걸쳐 계절별로 해조류 생물량을 조사하여 비교한 결과는 그림 6-3에 보인 바와 같다(김, 1999a). 3개 발전소의 온배수가 흐르는 배수로 내면에서는 계절 평균 114~142 g dry wt m^{-2}의 범위로 나타났는데, 이는 냉각수가 유입되는 취수구 내면이나 외해에 면한 배수구 외면(울진의 경우 취수구 외면)의 경우보다 훨씬 적은 수준이다($p<0.01$).

이렇게 온배수의 영향을 직접적으로 받는 곳에서 해조류 출현

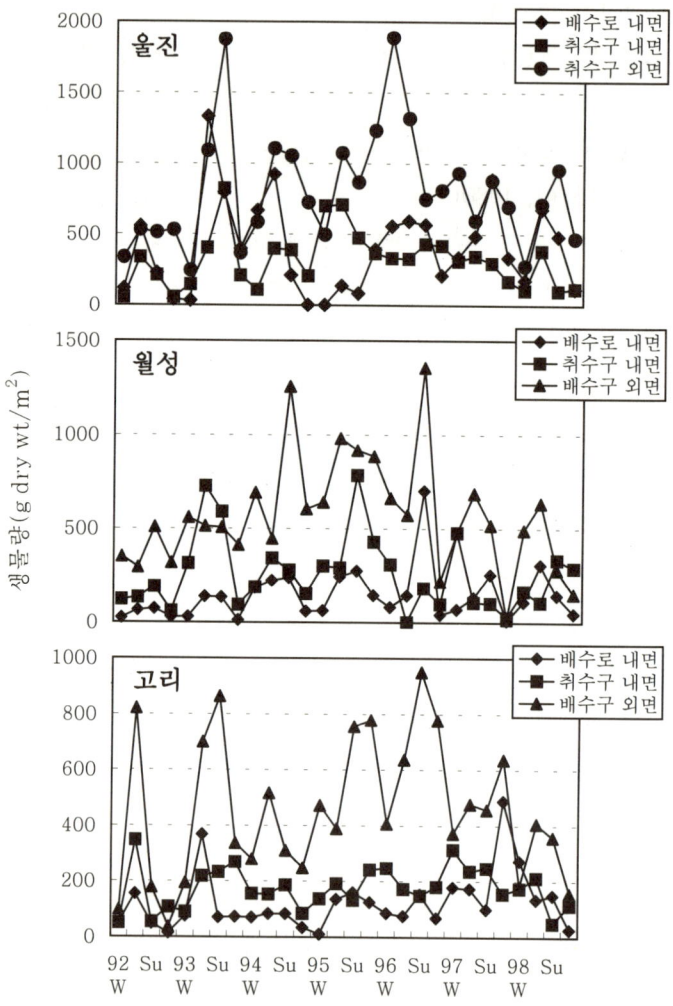

그림 6-3. 동해안에 위치한 3개 원자력발전소(울진, 월성 및 고리)의 취수구 내면과 배수로 내면 그리고 배수구 외면(단 울진의 경우에는 취수구 외면)에서 1992~1998년에 걸쳐 계절별로 조사한 해조류의 단위면적당 평균 생물량(자료: 김, 1999a).

종이 감소하고 생물량이 줄어들면서 종 다양성지수도 낮게 나타나고 있다. 즉 1987년 4월부터 1989년 2월까지 고리원자력발전소 주변에서 종 다양도를 측정한 결과, 조간대의 조위가 높을수록 그리고 배수구에 가까워질수록 종 다양성지수(H')가 낮아지는 경향을 보였다(김과 손, 1993).

동일한 발전소 주변의 5개 정점(발전소 취수구 내면과 외면, 배수구 내면과 외면 그리고 대조구)에서 1991년 봄부터 1999년 봄까지 계절별로 조사한 해조류 종조성과 생물량 자료를 바탕으로 종 다양성지수(H')를 계산하였다. 그 결과, 정점별 계절 평균은 발전소 취수구 외면(1.45), 대조구(1.30), 취수구 내면(1.22), 배수구 외면(1.05) 그리고 배수구 내면(0.88)의 순으로 나타나서 온배수가 흐르는 배수로에서 가장 낮았으며, 각 정점의 평균은 통계적으로 매우 유의한 수준($p<0.001$)에서 차이를 보였다(김 등, 1999).

5.3 내열종 해조류

종의 출현은 그 종이 요구하는 서식처의 다양한 환경요인이 적합한 것으로 추정할 수 있으며, 특히 해조류에 있어서 가장 중요한 환경요인으로 간주되는 온도 역시 그 예외는 아니다. 이러한 맥락에서 Abbott와 North(1971)는 미국 California 주 연안의 해조류 가운데 20℃ 이상 되는 해역에 생육하는 종류를 내열종(warm tolerant species)으로 보고한 바 있다.

온대 지방에 위치한 우리나라의 원자력발전소는 정상적인 가동이 이루어지면 대체로 20℃ 이상의 온배수가 주변 해역으로 방출되며, 특히 자연 수온이 높은 여름에는 30℃ 이상의 온배수가 방출되고 있다(그림 2-2 참조). 따라서 연안수와 혼합되기 전의 배수로에 출현하는 해조류는 명백히 20~30℃의 높은 수온에서도 잘 견딜 수 있는 내열종으로 간주될 수 있다.

한국산 내열종 해조류의 목록은 김(1986)이 고리원자력발전소를 대상으로 1983년의 4계절에 걸쳐 1호기 배수로에서 11종(녹조류 2종, 갈조류 2종, 홍조류 7종)의 해조류 생육을 보고하면서 처음으로 그 규모가 밝혀지기 시작하였다. 그는 이들 해조류 가운데 납작파래(*Enteromorpha compressa*), 작은구슬산호말(*Corallina pilulifera*) 및 붉은까막살(*Prionitis cornea*) 등이 배수로에서 연중 풍부하게 출현하고 있음을 보고하였다. 이후 김 등(1992)은 동일한 발전소를 대상으로 1987년 4월~1989년 2월에 걸쳐 매월 해조류 분포를 조사하면서 녹조류 2종, 갈조류 3종 그리고 홍조류 5종의 해조류가 1호기 배수로 또는 배수로 주변 조하대에 우점하고 있음을 밝혔고, 김 등(1998)은 1992~1997년의 자료를 종합하여 총 23종(남조류 1종, 녹조류 7종, 갈조류 5종, 홍조류 10종)의 내열종 해조류 목록을 정리한 바 있다.

국내 원자력발전소 가운데 온배수가 흐르는 배수로에서 해조식생을 거의 발견할 수 없는 영광원자력발전소를 제외하고 동해안에 위치한 3개 원자력발전소(울진, 월성 및 고리)의 배수로에서 1992~1998년에 걸쳐 계절별로 출현한 해조류 중 출현빈도 20% 이상(6회 이상)으로 관찰된 해조류 목록은 표 6-2와 같다(김, 1999a). 동해안에 위치한 3개 원자력발전소에서 출현한 내열종 해조류는 총 35종(남조류 4종, 녹조류 9종, 갈조류 8종, 홍조류 14종)으로, 녹조식물 갈파래과(Ulvaceae)가 6종으로 가장 많고 홍조식물 산호말과(Corallinaceae)가 5종이었다. 이 가운데 3개 원자력발전소 모두에서 공통적으로 확인된 내열종은 남조류 1종, 녹조류 4종, 갈조류 3종 및 홍조류 7종의 총 15종인데(표 6-2), 이

표 6-2. 한국 동해안의 3개 원자력발전소 배수로에서 발견된 내열종 해조류 목록

종 류	울 진	월 성	고 리
남조류			
실링비아 (*Lyngbya confervoides*)		+	
큰마디다발 (*Microcoleus chthonoplastes*)	+	+	+
갈고리흔들말 (*Oscillatoria brevis*)		+	+
검둥흔들말 (*O. nigro-viridis*)	+	+	+
녹조류			
납작파래 (*Enteromorpha compressa*)	+	+	+
창자파래 (*E. intestinalis*)			+
잎파래 (*E. linza*)	+	+	+
가시파래 (*E. prolifera*)	+	+	+
모란갈파래 (*Ulva conglobata*)		+	+
구멍갈파래 (*U. pertusa*)	+	+	+
초록털말 (*Urospora penicilliformis*)		+	
솜대마디말 (*Cladophora albida*)		+	
초록엉킨실 (*Derbesia marina*)			+
갈조류			
납짝솜털 (*Ectocarpus arctus*)	+	+	
불레기말 (*Colpomenia sinuosa*)	+	+	+
누른갯쇠털 (*Sphacelaria lutea*)	+	+	
참그물바탕말 (*Dictyota dichotoma*)	+		
부챗말 (*Padina arborescens*)	+	+	+
모자반 (*Sargassum fulvellum*)		+	
괭생이모자반 (*S. horneri*)	+	+	+
잔가시모자반 (*S. micracanthum*)	+		+
홍조류			
마디털 (*Stylonema alsidii*)		+	
김파래 (*Bangia atropurpurea*)		+	
애기우뭇가사리 (*Gelidium divaricatum*)	+	+	+
잘피껍데기 (*Pneophyllum zostericolum*)	+	+	+
에페드라게발 (*Amphiroa ephedraea*)	+		
고리마디게발 (*A. zonata*)	+	+	+
참산호말 (*Corallina officinalis*)	+		+
작은구슬산호말 (*C. pilulifera*)	+	+	+
참지누아리 (*Grateloupia filicina*)		+	+
붉은까막살 (*Prionitis cornea*)	+	+	+
가는지누아리 (*P. ramosissima*)		+	+
애기가시덤불 (*Caulacanthus usutulatus*)	+	+	+
참가시우무 (*Hypnea charoides*)		+	
부챗살 (*Ahnfeltiopsis flabelliformis*)	+	+	+

(자료 : 김, 1999a)

들 대부분은 발전소 배수로에만 국한하여 출현하기보다는 우리 나라의 모든 해역에 널리 분포하는 보편적 출현종들이다.

일반적으로 온배수의 유입이 이루어지는 수역에서는 남조류의 우점군집이 특징적으로 나타난다는 외국의 보고가 있다(Patrick, 1974; Thorhaug, 1974). 동해안의 3개 원자력발전소를 대상으로 28회에 걸쳐 수행된 조사에서 출현빈도 20% 이상 출현한 내열종 해조류 목록에 남조류가 4종이 포함되기는 하였지만(표 6-2), 생 물량을 측정할만한 남조류는 전혀 발견할 수 없었다. 서해안의 영광원자력발전소를 대상으로 수행된 해조류 분포 조사에서도 남조류의 우점적인 출현을 찾아 볼 수 없다(김과 김, 1991; 김과 유, 1992; 김과 허, 1998).

일반적으로 대부분의 해조류가 사라지는 40℃의 온도 조건에 서 링비아 무리(*Lyngbya* spp.), 흔들말 무리(*Oscillatoria* spp.), 마디 다발 무리(*Microcoleus* spp.) 등 남조류가 번무하는 것으로 알려지 고 있지만(Langford, 1990), 우리나라에 건설된 원자력발전소에서 40℃ 내외의 온배수가 방출되는 경우는 거의 없다. 따라서 한국 연안에서는 온배수가 유입되는 수역에서도 남조류의 우점군집이 발달하지 않는 것으로 판단된다.

한편 온배수가 흐르는 배수로에서도 다소나마 해조류의 천이 현상이 진행되고 있는 것으로 밝혀졌다(김 등, 1998). 물론 배수 로의 해조식생을 결정짓는 가장 중요한 환경요인은 온도를 들 수 있으나, 배수로의 유수량 역시 해조군집의 종조성과 생물량을 좌우하는 중요한 요인이 되고 있다(Langford, 1990). 이를테면 고 리원자력발전소 1호기에서 1987년 봄에 냉각수의 유량이 하루 300톤 이상일 때 파래 무리(*Enteromorpha* spp.)가 증가하고 갈조 괭생이모자반(*Sargassum horneri*)도 1 m 크기의 개체들이 관찰되 었으나, 발전소의 가동을 중지한 계획 예방정비 중인 시기인

1988년 봄에는 유량이 크게 감소하면서 파래 군락도 형성되지 않았고 단지 민산호말 무리(무절석회조류, melobesioidean algae)만이 분포하였다(김 등, 1992).

고리원자력발전소와 같이 가압경수형(PWR) 원자로가 설치된 발전소에서는 원자로의 특성상 정기적으로 1년에 한 달 내외의 기간 동안 원자로의 가동을 중지하고 예방정비를 실시하고 있으며, 이 기간에는 냉각수의 방출 역시 거의 중단된다. 이렇게 수온이 상승되지 않고 냉각수의 유량도 현저하게 감소하는 등 환경의 급격한 변모는 배수로에 서식하던 해조류에게 있어 크나큰 교란임에 틀림없고, 따라서 일년 중 어느 계절에 이러한 정비 시기가 해당하는 지도 배수로 해조류의 분포를 결정하는 중요한 요인이 되는 것으로 추정된다(김 등, 1998).

6. 잘피류

온배수와 관련하여 종자식물 군집을 가장 종합적으로 조사한 연구는 Florida의 Biscayne Bay와 Card Sound에 위치한 Turkey Point 발전소 주변의 얕은 만에 서식하는 해초(海草, seagrass), 즉 잘피류를 대상으로 한 것이다(Lackey, 1974; Thorhaug, 1974, 1979). 카리브해의 얕은 만에 형성된 잘피류 생태계는 생산력이 높고 많은 무척추동물과 어류의 주된 서식처가 된다. 한편 이 식물들은 많은 종의 식물이 착생하는 기질이 된다.

Florida주 마이애미에서 남쪽으로 약 15km에 위치한 Biscayne Bay와 Card Sound는 맹그로브(紅樹林, mangrove) 늪으로 둘러싸인 비교적 얕은 연안 구역으로 조석 체제에 따른 물보라가 약한

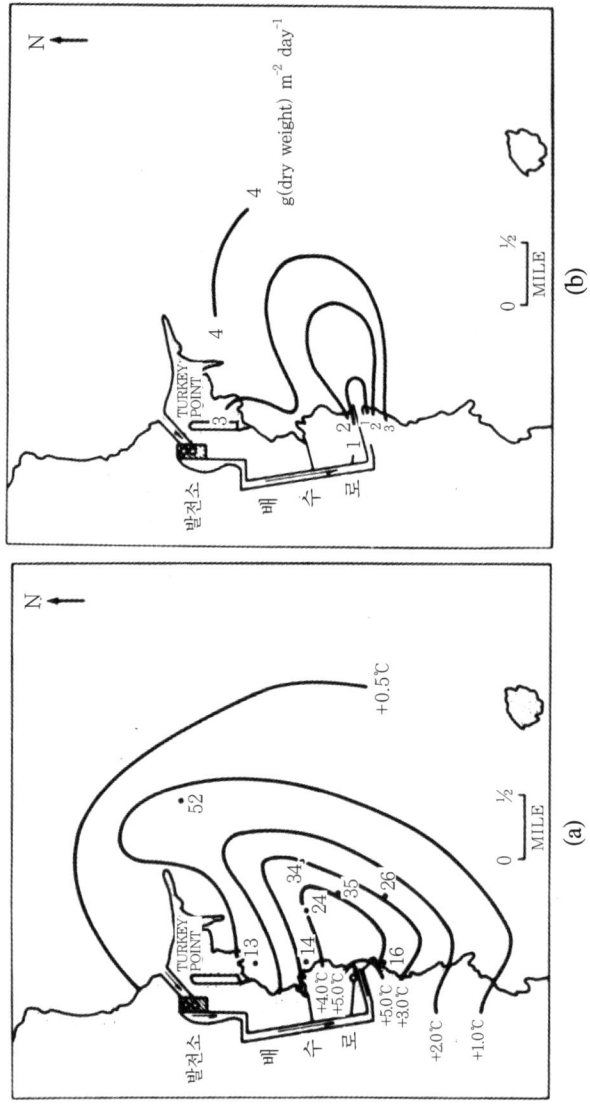

그림 6-4. 미국 Florida 주 Turkey Point 발전소에서 방출되는 온배수의 확산역과 잘피류(*Thalassia testudinatum*)의 생산 →

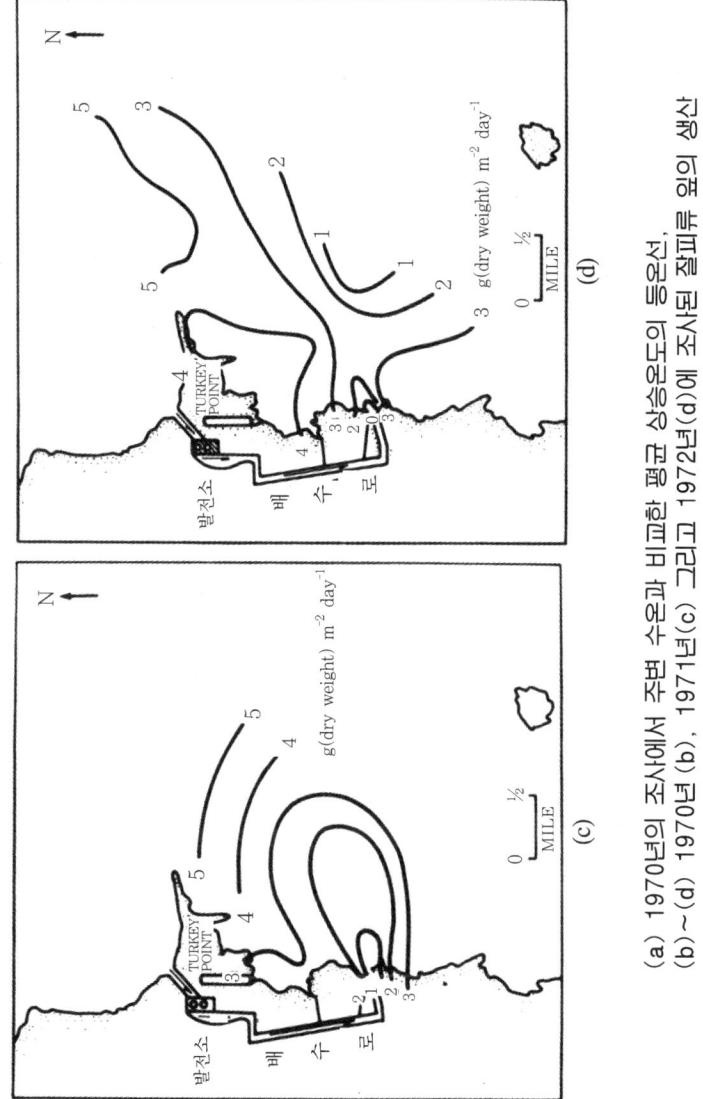

(a) 1970년의 조사에서 주변 수온과 비교한 평균 상승온도의 등온선,
(b)~(d) 1970년 (b), 1971년(c), 그리고 1972년(d)에 조사된 잘피류 잎의 생산

곳이다. Biscayne Bay의 수심은 평균 저조(平均低潮, mean low tide)시에 약 1~3 m이며 바닥의 경사가 매우 완만하다. 자연 수온은 10~31.5℃의 범위로, 겨울의 평균 수온은 17℃이고 여름의 평균 수온은 30℃이다.

기름을 연소하는 Turkey Point 발전소는 1960년대 중반에 가동을 시작하여 초당 약 35 m³의 온배수를 짧은 배수로를 거쳐 Biscayne Bay로 방출한다. 배수 온도는 주변보다 평균 5℃ 가량 높지만, △T의 최고치는 6~7℃가 되기도 한다. 온배수 확산역은 비교적 안정되고, 수심이 얕기 때문에 따뜻한 물이 거의 성층되지 않은 상태로 바닥에 직접 영향을 미친다. 주변보다 수온이 4~5℃ 상승하는 면적은 10~12 ha, 3~4℃ 상승역은 60 ha, 2~3℃ 상승역은 120 ha, 1~2℃ 상승역은 250 ha, 그리고 0.5~1℃ 상승역은 400 ha 이상이었다.

수온의 상승과는 별도로 배수에는 구리(Cu)의 농도가 72 $\mu g \ell^{-1}$까지 그리고 철(Fe)이 300 $\mu g \ell^{-1}$까지 포함되어 있으며, 인근의 산업 배수로부터 유입되는 기타 화학물질이 포함되어 있다. 한편 냉각수에는 매 8시간마다 30~60분씩 1.0 mg ℓ^{-1}의 염소를 주입하였다. 이 발전소에서 배출되는 온배수에는 정상적인 만의 해수보다 높은 농도의 부유물질이 포함되고 있으며, 배수의 흐름 때문에 배수로 어귀의 부드러운 퇴적물이 거의 대부분 제거되었다. 그 결과 온배수 확산역의 퇴적물에서는 니켈(Ni), 구리(Cu) 및 바나듐(V)이 정상보다 높은 농도를 나타내었다. 염분도는 몹시 변화하였지만, 용존산소 농도는 거의 항상 포화 수준이었다. 따라서 배수의 조성과 물리적 효과는 온도와 관계없이 복잡한 양상을 보였다. 처음으로 온배수가 방출되었을 때 배수구 어귀로부터 +5℃ 등온선에 이르는 9.3 ha 면적에서 탈라시아(*Thalassia*)의 잘피 밭이 완전히 사라졌다. 그림 6-4는 3년에 걸쳐 조사된 탈라시아의 생산과 온배수의 관계를 보여 준다. +3℃와 +4℃의 등온선 내에서는 대체로 잘피의 피도가 50% 감소하였다. 이 온배수 확산역에서는 10~12 ha의 면적에서 조류가 사라졌다.

탈라시아가 제거된 구역에는 겨울에 디플란테라(*Diplanthera*)가 착생하지만 수온이 상승하면 사멸한다. 탈라시아에 영향을 미치는 120 ha 면적의 최고 수온은 35℃에 이른다. 이들이 제거된 구역에는 여름에 남조류가 착생하였다.

이 조사를 통하여 Thorhaug(1980)는 잘피류에 악 영향을 미치기 시작하는 임계 등온선이 약 +1.5℃라고 결론지었다. +1℃ 등온선 내에서는 겨울에 생장이 촉진되면서 탈라시아의 연 생산이 다소 증가하였다.

비록 잘피류의 영향이 만의 온도 변화와 관련될 수 있고, 발표된 모든 자료에서도 온도 요인이 주된 압박이라는 점을 시사하고 있지만, 그 어떤 조사에서도 침식(浸蝕, scour), 살생제, 탁도 및 기타 화학물질 등 온도 이외의 다른 요인이 잘피류 밭에 미치는 효과를 평가하지는 못하였다. 수온이 장기간 37℃를 넘지 않는 한, 잘피류 밭의 파괴에는 수온보다 오히려 침식, 퇴적물, 염분도, 살생제 또는 기타 화학물질의 영향이 더욱 중요한 것으로 간주된다.

제 7 장

동물플랑크톤과 저서동물에 미치는 영향

제6장에서는 해양생태계에서 생산자(producer) 역할을 담당하는 조류를 물의 흐름에 따라 수동적으로 떠있는 식물플랑크톤과 기질에 고착하여 생육하는 저서조류(해조류)의 두 가지로 구분한 바 있다. 이와 비슷하게 생태계의 기능적인 측면에서 소비자(consumer) 역할을 수행하는 해양동물은 육안으로 볼 수 없으면서 수동적으로 떠있는 동물플랑크톤(浮遊動物, zooplankton)과 기질에 부착해서 살거나 이동이 가능한 저서동물(底棲動物, benthic animal) 그리고 물의 흐름을 거슬러 움직일 수 있는 유영동물(遊泳動物, nekton)의 세 가지로 구분할 수 있다.

이 가운데 대부분이 어류인 유영동물은 다음 장(제8장)에서 다루기로 하고, 이 장에서는 온배수가 동물플랑크톤과 저서동물에 미치는 영향에 관하여 살펴보기로 한다.

1. 동물플랑크톤

동물플랑크톤(zooplankton)은 그들 수명의 대부분을 물기둥에서 살게 된다. 이들의 횡적 이동은 물의 흐름에 의존하게 되므로 발전소 취수구에서 물의 흐름을 따라 연행(entrainment)되기 쉽다.

동물플랑크톤은 주로 윤충류(輪蟲類, Rotifera)와 미소갑각류(微少甲殼類, micro-crustacea)로 구성되고, 미소갑각류는 요각류(橈脚類, Copepoda), 지각류(枝角類, Cladocera) 및 패충류(貝蟲類, Ostracoda)를 포함한다. 이들 모두 널리 분포하며, 부유성 종뿐만 아니라 표면 착생(epibenthic) 종과 식물 착생(epiphytic) 종들이 포함된다.

많은 수역에서 동물플랑크톤 개체군들은 일주기 또는 계절주기로 수직이동하고 있으므로 동물플랑크톤의 밀도는 시간 및 수심에 따라 변화할 수 있다. 따라서 발전소 취수구와 배수구의 위치는 동물플랑크톤이 연행되거나 온배수의 영향을 받는 정도를 결정짓는데 중요할 수 있다. Gehrs(1974)는 동물플랑크톤 종이 수온이 낮은 보다 깊은 물로 이동함으로써 표층수의 높은 수온을 도피한다는 실험 결과를 얻었다.

현장에서 취수구와 배수구 일대에서 동물플랑크톤을 채집하는 기본적 방법은 식물플랑크톤 채집 방법과 비슷하여(제6장 참조), 네트, 펌프 또는 유량계가 달린 채집기 등을 주로 사용한다. 네트를 사용할 때의 중대한 문제는 그물 표면에서의 충격과 손상에 따른 플랑크톤 사망률이며, 이는 그물을 통과하는 물의 유속과 관련이 있다. 펌프를 사용할 때에도 펌프 날개를 통과할 때 플랑크톤이 치사할 수 있다. 펌프의 날개 앞에 그물을 설치하여 특별히 제작된 저속 채집기를 사용하면 플랑크톤의 채집시 사망률을 감소시킬 수 있다.

연행과 배수가 플랑크톤에 미치는 효과를 평가하는데 사용되는 기준에는 개체수뿐만 아니라 운동성과 생존율에 의거한 생존 개체 대 사망개체 비(living-to-dead ratio)가 포함되는데, 시료 채취 후 장기간 관찰하지 않는 한 운동성 또는 생존율을 평가하기란 쉽지 않다. 사망률(mortality)을 측정하는 좋은 방법으로는 비독성 염료로 생세포나 생조직을 염색하는 생체 염색(vital staining)을 들 수 있지만, 이 또한 부분적으로 착색된 개체의 생존 여부를 주관적으로 판단함에 따라 오차가 발생할 수 있다.

이제까지 현장에서 조사된 연구 가운데 통계 분석에 필요한 충분한 채집이 이루어진 경우는 거의 없다. 예를 들어 연안수의 경우 대조구역과 온배수 확산역의 플랑크톤 개체수에서 20% 변화를 감지하려면 매 채집시기마다 한 정점에서 최소한 20회 반복 채집을 해야 한다. 10%와 5%의 변화를 감지하려면 각각 75회와 300회의 반복 채집이 소요되지만, 이제까지 이렇게 조사된 경우는 없었다.

1.1 현장 연구

1.1.1 냉각 계통 내의 효과

냉각 계통이 동물플랑크톤에 미치는 효과를 현장에서 조사한 연구의 대부분에서는 직접 냉각방식을 통한 플랑크톤의 연행과 통과를 주로 다루어 왔다.

지금까지 조사된 바에 따르면 연행 후의 평균 사망률은 대부분 30% 미만으로 나타나지만, 온도와 염소 처리의 극단적 조건에서는 최대 사망률 100%까지도 기록되었다(Carpenter *et al.*, 1974). Indian Point 발전소에서는 연행에 따른 운동성이 겨울보다 여름에 더욱 감소하였다.

운동성의 상실을 사망률의 징후로 사용한 대부분의 연구 결과, 하구에 위치한 발전소에서 정상적으로 염소를 주입하면서 가동할 때 사망률이 40%를 넘기도 하였지만, 이 또한 부지와 계절에 따라 변이가 큰 것으로 나타나고 있다. 영국의 발전소를 대상으로 생체 염색 기법을 사용한 조사에서는 사망률이 58%에 이르기도 하였다. 간혹 발전소에서 취수되는 물 속에 이미 죽어있는 부유동물의 비율이 높게 나타나는 경우가 있는데(Heinle *et al.*, 1974), 이는 고조와 저조의 게조(slack water) 시에 온배수가 취수구로 유입되기 때문이라 판단된다.

1.1.2 주변 수역의 효과

하구나 연안의 물은 항상 움직이고 그에 따른 플랑크톤 개체군의 동적 특성 때문에 큰 강이나 호수와 같이 잔잔한 물의 경우보다 효과를 정량화하기가 훨씬 어렵다.

영국 남쪽의 Marchwood 발전소에서는 동물플랑크톤이 온배수 확산역에서 현저하게 증가하였다(Raymont & Carrie, 1964). 그 주된 원인은 냉각수가 흐르는 속도량과 배출구 부근 구조물에 발달한 따개비류(특히 *Elminius modestus*)의 거대한 군체에서 유생이 일찍 발달하기 때문이다.

미국의 10개 발전소에서 조사된 결과에서는 온배수 확산역에서 일관한 변화 양상을 보이지 않았다. 2개 발전소(Bowline Point

와 Calvert Cliffs)에서는 동물플랑크톤 수도가 냉각 계통 내에 형성된 많은 수의 따개비류 유생에 의하여 계절적 증가 추세를 보였다. 그렇지만 다른 종류는 온배수 확산역에서 덜 풍부하게 나타났고, 채취된 시료에서 파편이 출현하고 있음은 몇 동물이 냉각 계통 내에서 기계적 압력을 받아 죽었음을 시사하는 것이다.

Millstone 발전소에서는 온배수 확산역과 대조구역간의 동물플랑크톤 수도 차이에서 통계적 유의성을 보이지 않았다. 하와이의 Honolulu 발전소에서는 화살벌레(*Sagitta*) 종들과 창새우(*Lucifer*) 종들이 배출구와 연해의 조사정점에서 취수구보다 훨씬 풍부하게 나타났다($p<0.001$). 반면에 Florida의 Cutler 발전소와 Puerto Rico의 South Coast 발전소에서는 취수구보다 배수구역에서 동물플랑크톤이 훨씬 적었다.

Dunkerque 발전소의 온배수 확산역에서는 칼라누스 요각류(calanoid copepod)인 잡이뿔노벌레류(*Temora longicornis*)의 생활사 단계의 발달이 온도와 밀접한 관계를 보이는 것으로 조사되었는데, 몇 단계는 온배수 영향역에서 빠르게 진행되었다(Brylinski, 1981). Florida의 Tampa Bay에서는 온배수 영향역에서 고착성 패충류(ostracod)인 *Haplocytheridea setipunctata*의 개체군 밀도가 3월~6월에 걸쳐 온도와 밀접한 관계를 보였으나, 온도가 더욱 올라가는 여름에는 대조구와 비교하여 개체군이 차츰 감소하여 35℃에서는 살아있는 동물이 출현하지 않았다(Stiles & Blake, 1976).

우리나라의 4개 원자력발전소 주변 해역에서 1986년부터 1998년까지 계절별로 동물플랑크톤의 출현종수와 현존량을 조사한 결과를 연도별로 종합하면 그림 7-1에 보인 바와 같다(김, 1999b).

4개 원자력발전소별 연간 출현종수의 변동은 고리의 경우 40~81종, 월성 36~97종, 영광 32~69종 그리고 울진에서 31~76종의 범위로 나타나서 영광원전 주변에서 다소 적은 경향을 보

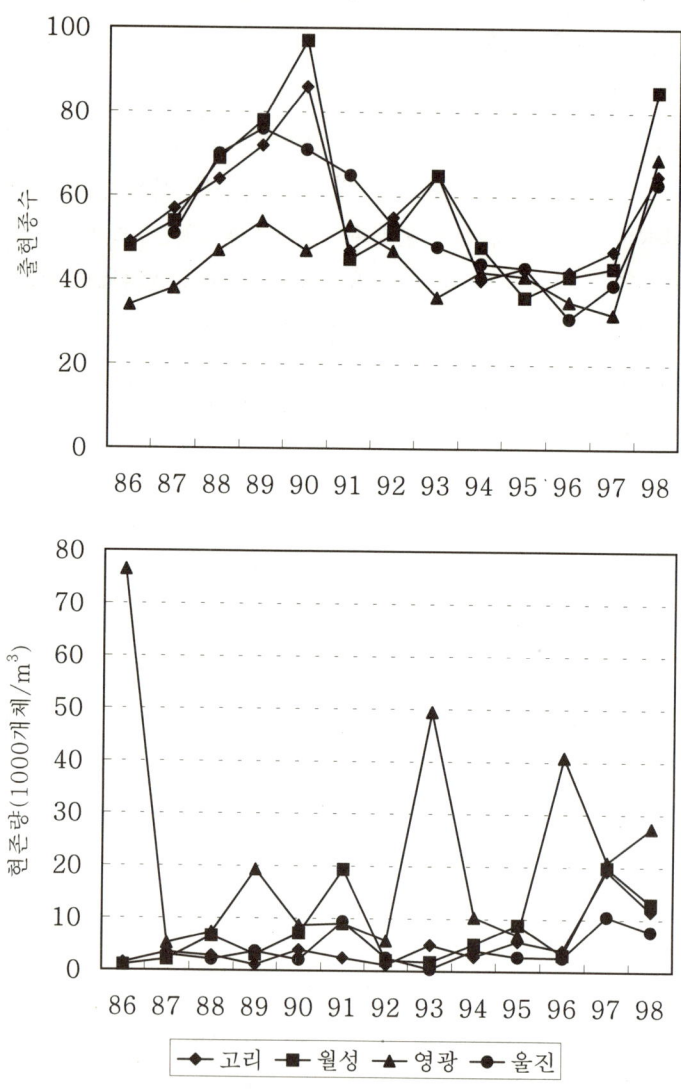

그림 7-1. 한국 4개 원자력발전소 주변 해역에서 1986~1998년에 걸쳐
조사된 동물플랑크톤의 연도별 출현종수와 평균 현존량 변동
(자료: 김, 1999b)

였다(그림 7-1). 4개 원자력발전소 모두에서 다른 분류군에 비하여 요각류(copepoda)가 가장 많은 출현종수를 나타내었다.

한편 동물플랑크톤의 현존량은 고리의 경우 1,071~19,239 개체/m³, 월성 1,000~19,841 개체/m³, 영광 5,215~76,447 개체/m³ 그리고 울진에서 374~10,504 개체/m³의 범위로 나타나서 출현종수의 조사 결과와는 달리 영광원전 주변에서 다소 많은 경향을 보였으나(그림 7-1), 변동폭이 매우 크게 나타났다. 전반적으로 4개 원자력발전소 모두에서 요각류(copepoda)의 종들이 우점적으로 출현하였으며, 적조(red tide) 원인생물의 하나인 원생동물 야광충(*Noctiluca scintillans*)은 주로 하계에 매우 많은 현존량을 보이고 있다.

한편 유와 김(1997)은 1988년 3월부터 1989년 2월까지 매월 고리원자력발전소 주변 해역에서 모악류(毛顎類, chaetognaths)의 종조성과 출현개체수 변동을 조사하였다. 조사기간 중 3속 10종의 모악류가 출현하였으며, 주요 우점종은 화살벌레류(*Sagitta crassa, S. nagae, S. enflata*)의 3종으로 이들이 전체 출현량의 95~100%를 차지하였다.

1.2 기타 압박의 효과

1.2.1 염소와 기타 살생제

식물플랑크톤의 경우와 마찬가지로 최소한 32~33℃까지는 온도보다 염소 처리가 동물플랑크톤의 높은 사망률의 주요 원인이 된다. 염소를 처리하면 연행 후 동물플랑크톤의 사망률이 현저하게 증가하는 것으로 현장 조사에서 밝혀졌다. 총 잔류염소(TRC)

가 0~2.7 mg ℓ^{-1}인 경우 사망률은 5%로부터 30% 이상까지 나타 났으나, 염소가 존재하지 않을 때에는 사망률이 거의 무시할 정 도의 수준이었다(Coughlan & Davis, 1983).

실험실에서의 조사 결과, δT 5.1℃와 총 잔류염소 0.44 mg ℓ^{-1} 는 동물플랑크톤의 사망률에 중요하게 영향을 미쳤으나, δT 단 독으로는 영향을 주지 않았다(Lanza *et al.*, 1975). 해양 동물플랑 크톤을 대상으로 수행된 실험에서 치사를 일으키는 TRC 농도와 노출 시간은 역의 상관을 보였다(Gentile *et al.*, 1976). 이 실험에 서 5분 또는 그보다 짧은 시간에 1 mg ℓ^{-1} 이하의 농도에 노출되 면 거의 치사하지 않는 것으로 나타났다.

1.2.2 기계적 효과

냉각 계통 내에서 크기가 큰 생물, 특히 긴 부속지(附屬肢, appendage)를 갖는 플랑크톤일수록 충돌(collision), 마멸(abrasion), 난류(turbulence)와 전단력(shear force)에 따른 손상을 받기 쉬울 것으로 예상된다(Schubel & Marcy, 1978). 이를테면 Florida의 Crystal River 발전소에서는 개체가 큰 플랑크톤, 특히 걸쇠뿔노벌 레(*Labidocera*) 종들이 연행 후 모든 온도 조건에서 비슷한 사망 률을 보였으나, 크기가 작은 종의 경우 사망률이 그다지 높지 않 았다. 다양한 종들을 대상으로 수행된 다른 조사에서도 이와 비 슷한 효과를 발견할 수 있었다. Millstone 발전소에서는 동물플랑 크톤 치사의 가장 큰 원인을 기계적 압박이라고 해석하였다. 이 들 두 발전소와 뉴질랜드의 Marsden 발전소에서는 죽은 플랑크 톤이 배출구로부터 다소 떨어진 수역의 바닥에서 가장 풍부하게 발견되었다.

크기 대 사망률을 일차함수로 나타낸 일반식은 다음과 같다.

$$\text{Arc-Sine \% 사망} = 0.4053(\text{크기}) + 0.07571$$

여기서 크기는 대체로 전체 길이를 나타낸다. 이 일반식은 갑각류와 치어를 측정한 실험 자료에 근거를 두고 있다(Schubel *et al.*, 1978).

2. 저서동물

저서동물, 즉 대형무척추동물(macro-invertebrate) 군집은 오랫동안 수질의 오염 또는 압박에 대한 지표생물로 활용되어 왔다. Cummins(1972)는 완전히 성장한 개체가 최소한 3~5 mm의 길이를 갖는 무척추동물을 대형무척추동물이라고 정의하였지만, 여기에는 예외가 있을 수 있다.

자연 수역에서 대형무척추동물의 온도 상한은 45~50℃이다. 가장 내성이 강한 집단은 흔히 갑충류(甲蟲類)라 부르는 딱정벌레목(Coleoptera)과 모기붙이과(Chironomidae)인데 이들은 온천에서 발견된다.

저서동물을 조사하는 방법은 크게 두 가지가 있다. 그 중 하나는 네트, 드렛지(dredge), 주상채니기(core sampler) 또는 저층이나 해조밭 일부를 제거하기 위하여 특별히 고안된 채집기를 이용하여 직접 채취하는 방법이다. 채집된 시료에서 동물을 가려낸 후 분석하게 된다. 다른 하나는 인공기질(人工基質, artificial substrate)을 이용하는 간접 채취 방법으로, 일정 기간 생물이 착생하도록 다양한 인공기질을 방치한 후 제거하여 분석하는 방법이다.

조간대 또는 암반 저층에서는 일정한 크기의 정방형 틀인 방형구(方形區, quadrat)를 주로 사용하며, 필요한 경우 스쿠바 다이빙으로 관찰한다. 최근에는 잠수부가 직접 들고 들어가거나 원격 조정할 수 있는 수중 카메라 또는 수중 비디오를 사용하여 관찰하기도 한다.

2.1 냉각 계통 내의 저서동물

발전소 취수구에서 일어나는 강한 물살은 물기둥에 존재하는 대형무척추동물을 끌어들여 냉각 계통을 지나게 할 수 있다. 이 가운데 일부 종은 냉각 계통 내부의 표면에 착생함으로써 오손군집(fouling community)을 형성하고 그 결과 발전소 가동에 지장을 초래할 수 있다.

연행된 대형무척추동물을 조사하는 방법은 동물플랑크톤의 경우와 비슷하다. Missouri 강에 위치한 Fort Calhoun 발전소에서 연행된 저서동물을 조사한 결과, 일부 종은 배출구보다 오히려 취수구에서 사망률이 높았다(Carter, 1978). 냉각 계통을 통과한 후의 저서동물 사망률은 분류군에 따라 0.9~19.8%의 범위로 다양하게 나타났으며, 5년에 걸친 조사의 평균 사망률은 7.7%이었다(Carter et al., 1982). 온도가 높아짐에 따라 사망률이 현저하게 증가하였으며, 기계적 압박에 의한 사망은 전체 사망률의 절반 이하로 간주되었다. 최대 사망률은 배수온도가 36~37℃가 되는 여름에 나타났다.

연행된 저서동물의 사망률은 냉각 계통을 통과하는 시간에 따라 좌우되는데, 시간이 길어질수록 사망률은 증가한다. 뿐만 아니라 염소를 처리하게 되면 대부분의 온도 조건에서 생존율이 감소한다.

발전소의 냉각 계통 내에서 일어나는 온도와 기계적 압박의 복합 효과를 실험 장치에서 재현하기가 쉽지 않기 때문에 실험실에서 온도 조건만을 달리하여 배양하게 되면 연행에 따른 효과를 충분히 파악할 수 없다. 온배수가 흐르는 속도랑과 배수로에는 해양 무척추동물이 착생하고 있는데, 이것은 많은 무척추동물 종이 성체 또는 유생 단계에서 냉각 계통을 통과하더라도 생존할 수 있음을 시사하는 것이다(Icanberry & Adams, 1974). 생존하는 개체는 주로 비교적 단단한 껍질을 가진 작은 갑각류들이다. 냉각 계통이 가동하지 않을 때 바닷물이 유입되면서 운반된 동물이 수로나 속도랑에 착생하기도 한다(Cory & Nauman, 1969).

 냉각수가 흐르는 속도랑과 관을 이루고 있는 콘크리트와 금속의 표면은 고착성 저서동물이 착생하는데 적합한 장소를 제공한다. 뿐만 아니라 배수로와 온배수 확산역의 바닥에도 이들은 쉽게 착생할 수 있다. 어떤 곳에서는 이렇게 높은 온도를 접하는 곳에서 저서동물의 착생과 성장이 촉진되기도 한다(Young & Frame, 1976). 바닥에 세균, 곰팡이 그리고 조류가 착생하면 동물들은 쉽게 먹이를 얻을 수 있게 된다.

 미국 서해안에 위치한 발전소 가운데 특히 염소 또는 기타 오손방지용 화학물질을 사용하는데 압박을 받는 발전소에서는 오손 생물의 제거를 위하여 열 처리(heat treatment) 방법을 이용한다(Stock & Strachan, 1977). San Onofre 발전소의 경우, 열을 추가로 흡수하기 위하여 냉각수의 약 2/3를 복수기로 재순환시킨다. 이렇게 물을 역류시키면 온도가 52℃까지 올라가고, 5주 또는 6주 간격으로 2~6시간씩 취수구에서 40~42℃를 유지하도록 차가운 물과 혼합시킨다. 물론 이와 같이 열 처리하게 되면 배수구역에서의 온도 효과가 커지지만 그 시간은 비교적 짧다.

 이 방법의 효력은 오손 생물의 온도 내성과 관련이 있다. 이를테면 진주담치(*Mytilus edulis* : 일명 홍합)와 캘리포니아담치(*M. californianus*)는 모두 37℃ 이상의 온도에서 효과적으로 죽일 수 있다(Fox & Corcoran, 1957).

2.2 주변 수역의 효과

Swansea의 Queens Dock에서 대형무척추동물의 동물상을 조사한 결과, 온배수의 영향을 받는 곳에서는 그 자리에 원래 출현하던 종을 대신하여 외래종으로 대치되었다(Naylor, 1959). 특히 온배수의 영향을 받기 전에 출현하였던 따개비류(*Balanus crenatus*와 *Elminius modestus*) 대신 외래종인 주걱따개비(*B. amphitrite*)가 출현하였다. 그렇지만 발전소의 가동이 줄어든 이후 다시 원생종이 나타나고 외래종은 사라졌다(Naylor, 1965). 발전소가 정상적으로 가동할 때에도 피낭류(被囊類, Tunicata)는 배출구 부근에서 풍부하게 나타났는데, 여름에 온도가 높을 때 사라졌던 *Ascidiella aspersa*는 자연 조건으로 회복되었을 때 다시 출현하였다.

영국에 있는 6개 발전소의 배수로에 콘크리트 판을 설치하거나 드렛지로 대형무척추동물을 조사한 결과, 6개 발전소 모두에서 발견되었던 종들 가운데 배수구역에서 완전히 사라진 종은 거의 없었다(Markowski, 1959, 1960, 1962). Scotland의 Hunterston 원자력발전소 온배수에 의하여 수온이 상승된 모래 기질에서도 온배수는 조하대 군집의 조성에 전혀 영향을 미치지 않는 것으로 조사되었다(Barnett & Hardy, 1969; Barnett, 1972). 우점종은 이매패류(二枚貝類, bivalve)인 접시조개류(*Tellina tennuis*)이었으며, 수년간 이 우점종의 개체군 밀도가 다소 변화하기는 하였으나 그 변동은 온배수와 무관하였다.

온배수가 흐르는 냉각운하의 저서생물을 조사한 연구들로부터 종이 감소하고 군집이 압박을 받게 되는 것은 최대 온도나 상승된 온도에 노출되는 긴 시간 때문이기보다는 오히려 온도의 변동 때문이라는 결론을 얻었다.

영국의 Medway 하구에 위치한 Kingsnorth 발전소에서 배출되는 온배수가 흐르는 운하는 그 대부분이 진흙을 준설한 개울로 구성되어 있다. 이 운하에서 발견되는 저서생물은 하구 동물상의 정상적인 한계 내에 있는 동적으로 안정된 군집으로 간주되지만, 운하의 하류 쪽에서 조석의 영향을 받아 10℃까지 온도가 변동하는 곳에서는 군집이 압박을 받는 것으로 간주되었다(Bamber & Spencer, 1984). 예전에 출현하였던 종들 가운데 약 50%가 사라지고 다양성도 대체로 낮았다. 온도가 빠르게 변화하면 비록 최고 온도가 30℃를 넘지 않더라도 많은 종이 감소한다고 알려져 있다.

호주의 Gladstone 발전소에서는 배수로의 동물상에 영향을 미치는 중요한 요인이 유속과 수중 침식이었다(Saenger *et al.*, 1982). 온배수의 빠른 물살 때문에 진흙이 씻겨 나가면서 주로 진흙 속에서 자라던 종들이 표면에 서식하는 종들로 대치되었다. 출현종수, 밀도, 다양성 그리고 균등성 지수 모두 온도가 가장 높은 정점에서 대조구역보다 낮게 나타났다.

Puerto Rico의 Guyanilla Bay 발전소에서는 1972년에 배수 온도가 40℃에 이르렀을 때, 대형무척추동물 가운데 살아남은 종은 거의 없었다(표 7-1). 온도가 약 34℃인 곳에서는 27종 내외의 저서동물이 출현하였지만, 수온이 37℃가 넘는 배출구 부근에서는 단지 10종만이 관찰되었다(Kolehmainen *et al.*, 1974, 1975). 반면에 대조구역에서는 87종이 출현하였다. 35℃ 이상의 온도에서는 토착종의 대부분이 사라졌지만, 계절에 따라 수온이 낮아지게 되

표 7-1. Puerto Rico의 Guyanilla Bay 발전소의 여러 정점에서 측정된 온도와 무척추동물의 출현종수

온도(℃)	출현종수	누적종수
40	1	1
39	2	3
38	8	11
37	2	13
36	17	30
35	12	42
34	17	59
33	8	67

(자료 : Kolehmainen *et al.*, 1974)

면 특히 해초류(海梢類, ascidians), 갯지렁이 그리고 게 등이 일시적으로 다시 나타난다.

그림 7-2는 온배수의 영향을 받는 구역에서 온도 이외의 다른 요인이 저서동물 종의 출현을 제한한다는 사실을 보여주고 있다. 이를테면 발전소 배출구로부터 가장 멀리 떨어진 정점 1은 다른 정점들보다 수온의 상승이 가장 적음에도 불구하고 출현종수는 가장 적게 나타났다(그림 7-2). 그것은 물의 흐름에 기인하는 수중 침식의 결과로 추정되었는데, 수중 침식은 정점 1과 정점 7에서 가장 심하게 일어났다. 5℃ 이상의 수온 상승은 저서동물상에 중대한 영향을 미치는 것으로 간주되지만 2~4.5℃의 수온 상승 역시 다른 요인들과의 복합 효과에 기인하여 출현종수를 감소시키는 것으로 해석되었다.

이상에서 살펴 본 바와 같은 조사 연구들은 대부분 연성기질(soft substrate)에서 수행된 것들이고, 연성기질에서는 수중 침식

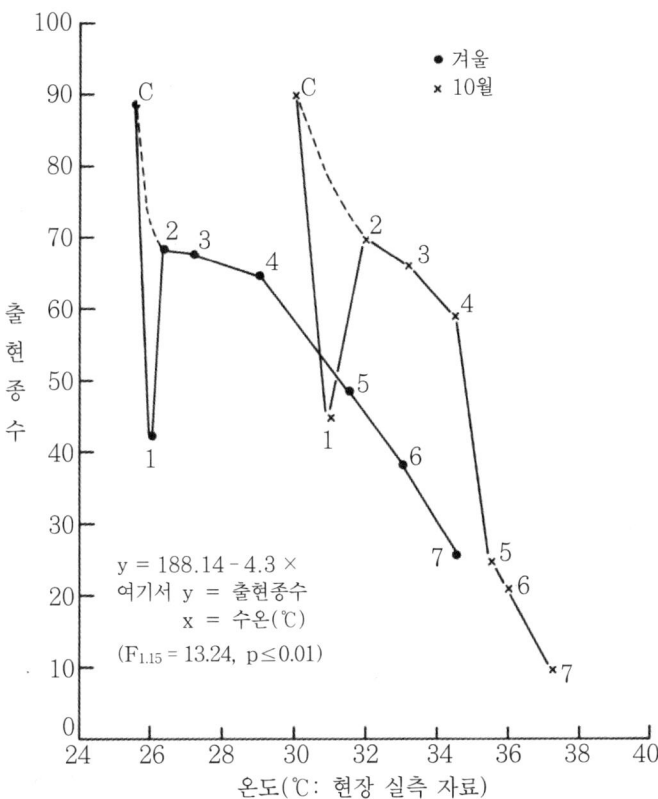

그림 7-2. Puerto Rico의 Guyanilla Bay에서 수행된 두 번의 다른 조사를 통하여 다양한 온도에서 나타난 무척추동물의 출현종수. C = 대조구, 1-7 = 배출구 부근의 채집장소(자료: Kolehmainen *et al.*, 1974)

에 따라 경질 점토(hard clay) 또는 암반이 드러나지 않는 한 정량적인 조사가 비교적 쉽다. 반면에 온배수의 영향을 경성기질(hard substrate)에서 조사한 연구는 그다지 많지 않다. 특히 조하대의 경성기질에서는 정량적인 조사를 수행하기가 쉽지 않은데,

이 경우에는 SCUBA 장비를 이용하여 트란섹트(transect) 또는 방형구(quadrat)를 이용하여 조사하게 된다.

남부 California의 King Harbour 발전소와 Morro Bay 발전소(Straughan, 1980) 그리고 하와이의 발전소(Straughan & Straughan, 1972)에서는 발전소 온배수에 의하여 주변의 바위 기질에 분포하는 저서동물상이 다소 변화하는 현상이 관찰되었다. 그 영향역은 온배수 배출구로부터 300~500 m 이내이었으며, 주변의 자연 수온과 비교하여 볼 때 배수의 최대 온도 상승은 7~10℃이었다.

반면에 마르세이유 부근의 Martigues-Ponteau 발전소에서 염소를 처리한 온배수를 직접 받는 바위에서는 온배수의 영향을 받지 않는 인근의 바위와 비교하여 볼 때 출현종수가 현저하게 감소하였다(Arnaud et al., 1981). 이때 수온의 상승은 평균 7℃이었다. 배출구 앞을 벗어난 구역에서는 온도와 관련되는 출현종수의 감소 경향을 보이지 않았다.

Moller(1978)는 독일의 발전소 배수구 부근에서 약 1 ha 면적에 걸쳐 대형무척추동물의 다양성과 수도가 감소하는 것을 발견하였다. 배수의 최고 δT는 3℃이었고 염소 농도는 0.5~1.0 mg ℓ^{-1}이었다. 취수구와 배수구 부근의 유속이 빠른 곳에서 진주담치(*Mytilus edulis*)와 따개비류(*Balanus crenatus*)의 개체수가 최대로 나타났다. 대부분의 대형무척추동물 종은 대조구역보다 취수구역과 배수구역에서 수도가 높았다. 그렇지만 8월에 발전소가 가동을 정지하고 나서 12일만에 개체수는 현저하게 줄어들었다. 그 이유는 다음과 같은 두 가지로 추정되었는데, 먼저 물이 흐르지 않게 됨에 따라 물의 흐름에 의존하던 여과식자(濾過食者, filter-feeder)가 감소하였고, 한편으로는 냉각수가 흐르지 않게 되자 취수구역과 배수구역에 엄청나게 밀려든 게류(*Carcinus maenas*)와 유럽산 뱀장어(*Anguilla anguilla*)가 이들을 심하게 포식하였기 때문이다.

진주담치는 Massachusetts 발전소의 배수로에서 가을과 겨울에 많은 개체가 발견되었으나 여름에 모두 죽었다. 온도가 27℃를 넘자 사망하기 시작하였고, 7월~9월간 최대 온도가 30℃를 넘는 날이 오래 지속되었다(Gonzalez & Yevich, 1976).

우리나라의 4개 원자력발전소 주변 해역에서 1986년부터 1998년까지 계절별로 저서동물의 출현종수와 현존량을 조사한 결과를 연도별로 종합하면 그림 7-3에 보인 바와 같다(김, 1999b).

4개 원자력발전소별 연간 출현종수의 변동은 고리의 경우 68~158종, 월성 40~197종, 영광 40~114종 그리고 울진에서 40~143종의 범위로 나타나서 영광원전 주변에서 다소 적은 경향을 보였다. 한편 저서동물의 현존량은 고리의 경우 111~879 개체/m^2, 월성 72~2,518 개체/m^2, 영광 68~721 개체/m^2 그리고 울진에서 202~1,471 개체/m^{2}의 범위로 나타나서 울진원자력발전소 주변에서 다소 많은 경향을 보였다. 이는 울진원전 주변 해역에서 대표적 서식종인 민얼굴갯지렁이(*Spiophanes bombyx*)가 매우 높은 서식밀도를 나타내고 있기 때문이다. 민얼굴갯지렁이는 세립의 모래관을 형성하여 그 속에 서식하는 범세계적인 종으로 울진 주변 해역의 저질이 모래질로 구성되어 있음을 반영하는 것이다.

한편 이(1987)는 1985년 5월부터 1986년 5월까지 삼천포화력발전소를 대상으로 발전소 냉각 계통이 저서동물 군집의 천이에 미치는 영향을 조사하였다. 천연석재로 제작한 정방형 부착판을 취수로, 배수로 그리고 온배수 확산구역에 각각 30개씩 설치한 후 매월 저서동물 군집의 변화를 추적한 결과, 발전소 냉각 계통의 가동은 배수로 및 온배수 확산구역에 서식하는 저서동물의 부착 주기에 영향을 미치는 것으로 밝혀졌다.

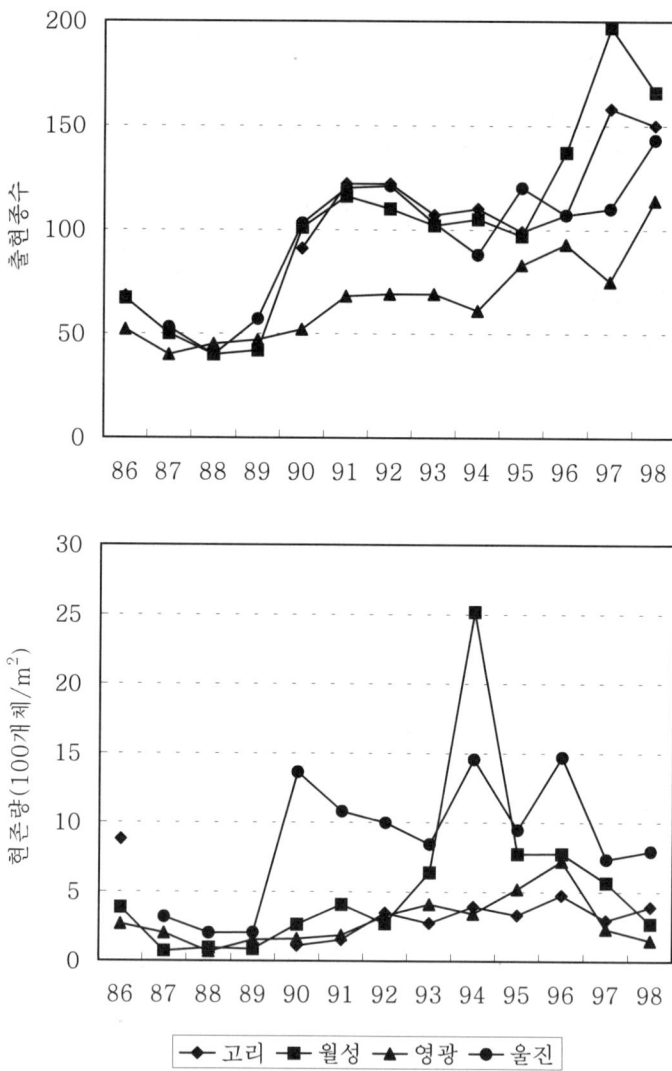

그림 7-3. 한국 4개 원자력발전소 주변 해역에서 1986~1998년에 걸쳐 조사된 저서동물의 연도별 출현종수와 평균 현존량 변동(자료: 김, 1999b).

어류에 미치는 영향

  물에서 발견되는 주요 생물집단 가운데 어류는 대체로 높은 수온에 대한 내성이 가장 약하다고 알려져 있다(표 4-1 참조). 자연계에서 어류 개체군이 발견되는 가장 높은 온도는 알제리아 온천의 37℃이다(Brock, 1975). 가장 광온성(eurythermal)인 어류는 온대 지방의 민물과 조간대의 조수웅덩이(tide pool)에 분포하는 종들인데, 이런 곳에서는 연간 온도 범위가 30℃를 넘기도 한다. 특히 조간대의 조수웅덩이에서는 온도 차이가 하루에도 20℃를 넘을 수 있다.

  Brock(1975)은 38℃ 이상 가열된 생태계에서 개체군을 존속시킬 수 있는 어류는 없고, 이 임계온도를 며칠 또는 몇 주일만 초과하더라도 어류 개체군이 감소한다고 결론지었다.

개체가 큰 어류의 유생 단계와 크기가 작은 어류는 발전소 취수구에 연행되면서 냉각 계통을 통과하기 쉽다. 냉각 계통을 지나는 어류의 크기는 스크린의 그물눈 크기에 좌우된다. 이를테면 발전소 원통 스크린의 그물눈이 9mm 크기인 경우 길이가 40mm 이하인 어류는 이를 지날 수 있는데(Turnpenny, 1981), 어류의 체형에 따라 스크린 통과 여부가 좌우되기도 한다.

직접냉각방식의 발전소 냉각 계통에 연행되는 치어나 자어를 연구할 때 몇 가지 종류의 네트를 취수구와 배수구에 설치하고 재료를 채집하지만, 이때 어류가 네트에 충돌하면서 사망하는 비율이 높다는 점이 문제점으로 지적되었다. 최근에는 어류를 채집할 때 발생하는 사망률을 최소화하기 위하여 특별히 고안된 펌프나 어획법을 사용하고 있다(이를테면 Leitheiser *et al.*, 1978; Ney & Schumacher, 1978). 어류 조사 방법에 관하여는 Bowles와 Merriner(1978)가 상세하게 정리한 바 있다.

한편 주변 수역에서는 정치망이나 함정그물을 사용하기도 하고, 걸그물(刺網, gill net), 끌그물(引網, trawl) 또는 후릿그물(seine net)과 같은 관습적인 어구를 사용하기도 한다.

1. 냉각 계통 내의 어류

Hudson 강에서는 발전소 냉각 계통에 연행되어 통과하는 줄무늬 농어(*Morone labrax*)의 사망률이 5~40%이었으며, 열을 받을 때와 받지 않을 때에 유의한 차이를 보이지 않았다(Lauer *et al.*, 1974). 그렇지만 줄무늬 농어와 멸치류(*Anchoa mitchilli*) 모두 채집시 사망률이 높게 나타났다. 염소를 $0.11mg \ \ell^{-1}$의 농도까지 처리할 경우 치사율은 증가하였다. Cannon 등(1978)은 농어류 치어의 사망률이 배수 온도와 직접적인 관계를 보인다는 증거를 얻었다. 즉 배수 온도가 33℃를 넘는 경우, 발전소 냉각 계통을 통과한 후 생존하는 치어는 거의 없었다.

California의 발전소에서 조사된 농어류(*Morone americana*)의 사망률과 온도간에서는 명확한 관계를 보였다. 31~38℃의 온도 범위에서는 사망률이 10~100%까지 직선에 가까운 양상으로 증가하였다(Stevens & Finlayson, 1978). 31℃ 이하에서는 열 때문으로 간주되는 사망이 나타나지 않았는데, 기계적 손상에 의하여 약 13%의 사망률을 보였다. 이 자료에서는 50% 치사 온도(LT_{50})가 33.9℃로 계산되었다. δT와 관련하여 사망률 자료를 분석한 결과, δT 8~15℃에서는 사망률이 선형 증가(linear increase)를 보였다.

Long Island 해협에 있는 Millstone Point 발전소에서 이루어진 조사에서 어류 17종의 사망률이 계절과 종에 따라 0~60%의 범위로 매우 다양하게 나타났는데, 사망률 모두 기계적 압박 때문인 것으로 간주되었다(Nawrocki, 1977).

많은 수의 어란(魚卵, fish egg)과 치어들이 취수구에서 연행되어 냉각 계통을 통과함에 따라 냉각 계통 내에서 열적, 기계적 및 화학적 충격의 결과로 사망할 것이라는 데에는 의심의 여지가 없다. 그렇지만 취수구 스크린에 충돌하면서 치어와 성어가 사망하게 되므로, 냉각 계통이 어류 개체군에 미치는 총 효과를 평가할 때에는 배수에 의한 사망과 함께 이들 모든 요인들을 반드시 고려하여야 한다.

연안에 서식하는 작은 어류인 *Atherina boyeri*는 특히 England 남부의 Fawley 발전소에서 취수구 스크린에 충돌하고 연행되기

쉬운 종이다. 비록 충격에 의하여 이 종류의 모든 연급군(年級群, age group)에서 많은 수가 매년 죽기는 하였으나, 10년 이상의 장기적 연구를 통하여 개체군 구조에는 별 영향을 주지 않은 것으로 나타났다(Henderson et al., 1984).

따라서 냉각 계통의 가동에 따른 충격, 연행 또는 온배수에 의하여 어류 종의 개체군이 현저하게 고갈되었다고 말할 수 있는 사례는 아직 없었다. 그렇지만 이제까지 얻어진 자료들이 충분하다고 볼 수 없기 때문에 그와 같은 효과가 일어날 수 있는 곳이 전혀 없다고 말할 수도 없다.

2. 주변 수역의 효과

2.1 온배수에 의한 사망

그간 온배수가 어류에 미치는 영향을 다룬 많은 연구 결과를 종합해 볼 때, 배수의 높은 온도와 관련하여 어류가 명백하게 대량 죽었다고 간주되는 사례는 거의 나타나지 않았다.

물의 흐름이 거의 없는 민물, 특히 얕은 못에서는 계절에 따른 수온 변화와 관련하여 하사(夏死, summer kill) 또는 동계 폐사(冬季斃死, winter kill)로 알려진 현상이 때로 나타나지만, 이러한 어류 사망의 주된 원인은 온도라기보다 대체로 낮은 산소 농도 때문이다(Barica, 1975). 온대 지방의 강에서는 수량이 줄어들고 날씨가 더울 때 연어류가 죽기도 한다(Edwards & Brooker, 1982).

바다에서 높은 온도에 기인하여 관찰된 사망 기록은 드물지만(De Sylva, 1969; Brett, 1970), Brett(1970)는 다양한 위도에서 극단적인 낮은 온도에 기인하여 어류가 사망한 사례를 기록하였다. 이들 사망의 대부분은 수심이 얕은 구역에서 나타나고 있다.

영국의 경우, 온배수에 의한 어류 사멸은 극히 적었다. 이제까지 기록된 어류 사망은 대부분 높은 온도 때문이라기보다 낮은 산소 농도와 관련이 있었다(Langford, 1983).

미국에서는 발전소 배수구 부근에서 어류의 대규모 사망이 보고되었으나, 그 현상은 흔하지 않았다. 1968년의 경우 가동중인 직접냉각방식의 400여 개 발전소 가운데 4군데에서 어류 사망이 관찰되었다. 이 가운데 한 군데에서는 보일러 세척액이 배수로로 흘러 들어간 때문에 어류가 사망한 것으로 추정되었고, 나머지 3군데가 수온과 관련되었다(USAEC, 1971). 42개 주에서 모든 종류의 배수로 인하여 사망한 어류는 15,236,000 개체로 추정되었으며, 이 가운데 발전소 부근에서 높은 온도 때문에 죽은 어류는 0.1% 미만이었다.

1968년 이래 온배수의 높은 수온에 기인하는 다른 사망이 보고되었다(Langford, 1983; Barnett & Hardy, 1984). 어류가 사망한 것으로 관찰된 60종 가운데 온배수와 관련하여 사망한 종은 단지 3종이었다(Talmage & Opresko, 1981). Galveston 만에 위치한 P. H. Robinson 발전소의 배수로에서 수온이 39℃에 달하였을 때 청어류(*Brevoortia patronus*)와 바다메기의 일종(*Arius felis*)이 죽었고(Gallaway & Strawn, 1974), Connecticut Yankee 원자력발전소에서 북미산 청어류(*Alosa sapidissima*)를 우리에 넣어 배수로로 떠내려보냈을 때 이들 어류가 죽었다. 이때 수온은 32℃를 넘었으며, 어류는 4~6분 내에 사망하였다(Marcy, 1976). Northport 원자력발전소에서는 수온이 상승하면서 청어류(*Alosa* sp.)가 죽었는데, 이때 δT는 15℃ 이상이었고, 궁극치사온도는 37~38℃로 추정되었다. Massachusetts의 발전소에서는 열보다 염소가 치사요인으로 간주되었다.

몇 군데 발전소에서는 수온이 급격하게 떨어지면서 어류가 죽는 것으로 나타났다. 예를 들면 Oyster Creek 부지에서는 원자력 발전소가 가동을 중지함에 따라 24시간만에 온도가 7℃ 가량 떨어졌고, 전하는 바에 의하면 온배수 구역에 상주하면서 순화되었던 어류들이 죽었다(IAEA, 1972). 그렇지만 이 어류 사망을 분석한 결과, 온도만이 유일한 사망 원인은 아닐 것으로 추정되었다. 24시간에 온도가 7℃ 감소하는 것은 매우 빠른 것이 아니고, 이 정도의 온도 변화라면 순화된 어류가 내성을 가질 것으로 예상된다. 더욱이 이 발전소에서는 예방 정비를 위하여 전에도 겨울철에 다섯 차례 가동을 중지한 적이 있었으나 그때에는 어류가 죽지 않았다. 따라서 염소 또는 기타 독성물질이 어류 사망의 원인이 된 것으로 추정되었다.

2.2 풍부성 및 온배수와 관련된 대규모 이동

온배수의 물리적 및 화학적 효과는 복잡하여 주변 수역에 분포하는 생물에게 자극으로 작용한다.

현장에서 조사된 결과를 종합하면 어류의 수도(abundance)에 있어서 대체로 비슷한 계절적 변동을 보이고 있는데, 봄과 가을 그리고 겨울에는 수도가 증가하고 여름에는 수도가 감소한다. 이와 같은 변동은 체온 조절에 따른 행동에 기인하는 것으로 어류의 능동적인 온도 선택을 의미하는 것이다. 그렇지만 이제까지의 조사를 통하여 어류의 수도를 좌우하는 것으로 밝혀진 다른 요인들은 다음과 같다.

- 배출구에 출현하는 먹이생물의 풍부성
- 온도가 활동을 촉진시키면서 어획 능률(catchability)에 미치는 효과
- 자연적 회유
- 어느 한 종이 다른 종을 희생시켜 가면서 과다하게 풍부해질 수 있는 온도 선호성의 종별 차이
- 물의 흐름이 자연적 이동에 미치는 효과
- 이를테면 염소나 기타 오염물질에 대한 회피(回避, avoidance) 또는 낮은 산소 농도나 기체가 과포화된 수역에 대한 회피와 같은 화학적 변화의 효과
- 또는 이들 요인의 조합

Neuman(1982)은 스웨덴의 발전소 주변에서 이루어진 조사 자료를 종합하여 0℃에서 30℃에 걸친 다양한 온도에서 어획한 양을 바탕으로 어류를 온수(溫水) 선호종과 냉수(冷水) 선호종으로 분류하였다. 조사 지점들은 담수로부터 해수의 2/3에 이르기까지 다양한 염분도 범위를 보였다. 대부분의 담수종은 해산종보다 높은 온도에서 보다 풍부하게 나타났다. 잉어과의 물고기(*Rutilus rutilus*)와 농어류(*Perca fluviatilis*)는 냉수보다 온수에서 풍부하게 나타났지만, 농어류의 작은 고기(*Acerina ceruna*)는 뚜렷한 양상을 보이지 않았다. 보다 염분도가 높은 정점들에서는 온수 구역에서 양놀래기과 물고기(*Crenilabrops melops*), 가자미류(*Platichthys flesus*) 및 유럽산 뱀장어(*Anguilla anguilla*)만이 풍부하게 출현하였다.

2.3 온배수와 관련된 어류 개체의 이동

무선 송신기(radio transmitter) 또는 초음파 송신기(ultrasonic transmitter)를 이용하는 표지(標識, tagging) 방법을 사용하면 온배수와 관련된 어류의 행동 양식을 효과적으로 파악할 수 있다 (Stasko & Pincock, 1977).

Nyman(1975)은 스웨덴 연안의 온배수 방출 구역에서 유럽산 뱀장어(*Anguilla anguilla*), 송어류(*Salmo trutta*) 및 야레류(*Leuciscus idus*)의 개별 행동을 추적하였다. 발전소가 운전을 정지하였다가 다시 가동하면서 방출되는 온배수에 의하여 유럽산 뱀장어의 활동이 촉진되었다. 표지된 뱀장어는 만 가장자리의 바위틈 은신처에서 나와 온배수 확산역으로 이동하였고, 수온이 24℃가 될 때까지 온배수 구역에 머물렀다. 송어류는 겨울에 따뜻한 물로 이동하였으나, 여름에는 들어가지 않았다. 야레류는 수온이 24℃가 될 때까지 온배수 확산역으로 이동하였지만, 가을에는 온도에 관계없이 온배수 구역에서 빠져나갔다.

담수와 해수 모두 온배수가 방출되는 구역 내 또는 그 부근에는 어류가 대량으로 모이게 된다. 아울러 온배수 구역 내의 어류 개체군 밀도가 어느 정도 예측 가능한 양식으로 변화한다는 증거가 있는데, 온배수의 영향을 받지 않는 서식처에서 어류가 나타내는 양식과 때로는 비슷하게 나타나기도 하고 때로는 반대의 양상을 보이기도 한다.

현장과 실험실 연구를 통하여 밝혀진 어류 이동의 순서는 대체로 다음과 같다.

· 가을에 어류가 자연적으로 이동하거나 회유하다가 온배수와

접촉하게 된다.

- 겨울에 온배수에 의한 높은 수온은 어류로 하여금 활발하게 먹이를 구하고 어획할 수 있도록 해 주지만, 자연적인 차가운 물의 어류는 차츰 행동이 둔해지고 먹이를 먹지 못하게 된다.

- 일단 어류가 섭식하게 되면 따뜻한 물에 포함된 먹이는 냉각 계통을 통과하는 양분과 함께 어류에 있어 강력한 유인제가 되고, 그 결과 배출구 부근에 많은 어류가 머물게 된다. 그렇지만 개체들에 따라서는 온배수 구역을 벗어날 수 있고, 이들 중 일부는 다시 돌아오기도 하지만 나머지는 돌아오지 않을 수 있다.

- 봄에 수온이 자연적으로 상승함에 따라 자연적인 수역의 어류가 점차 활발해지고 다시 먹이를 구하는 반면, 온배수 구역의 어류들은 정상적인 계절적 회유 양식에 따라 온배수 구역을 벗어난다. 만일 온도가 매우 높으면 어류는 회피 반응을 보이기도 하지만, 그럼에도 불구하고 어류는 온배수 구역으로 단시간에 걸쳐 먹이를 구하러 회유하기도 한다. 따라서 온수성 개체군과 냉수성 개체군이 계절에 따라 혼합된다.

- 이와 같은 양식을 매년 반복할 수 있으나, 전년도에 온배수 확산역에 출현하였던 어류의 일부만이 다시 온배수 구역으로 돌아오기도 한다.

2.4 온배수 내의 먹이와 섭식

일년중 때때로 어류의 활동이 활발하지 못한 시기라 할 지라도 온배수 구역 내의 어류는 활발한 상태를 유지한다. 따라서 어류가 먹이를 먹지 못한 상황에서 먹이가 존재한다면 이들은 이따금 섭식할 것으로 예상된다. 어류가 이용할 수 있는 먹이는 온수로 인하여 활성을 유지하고 있는 다른 생물이거나 냉각 계통을 연행하여 배출구로 방출되는 생물들인데, 후자의 경우 생물체의 생사 여부는 별 문제가 되지 않는다.

바다와 하구에 위치한 발전소의 온배수 구역에 출현하는 어류의 먹이와 섭식에 관한 자료는 담수의 경우와 비교해 볼 때 빈약한 편이다. Chalk Point에서는 배수로에서 채취한 농어류(*Roccus americanus*)의 음식물 중에 다모류(polychaete)인 참갯지렁이류(*Nereis succinea*)가 온배수의 영향을 받지 않는 곳보다 훨씬 많이 포함되었다. 등각류(isopod)인 모래마디벌레류(*Cyathura polita*)는 반대의 양상을 보였다(Moore *et al.*, 1975).

Kingsnorth 발전소에서 온배수의 영향을 받는 곳과 받지 않는 곳에서 조사된 농어류의 음식물은 기질이 무척추동물상에 미치는 효과를 주로 반영하였다(Langford, 1987). 즉 온배수의 영향과는 무관하게 개펄로 된 연성 기질에서는 다모류가 먹이의 대부분을 차지한 반면, 보다 경성인 기질에서는 십각류(十脚類, decapod)가 우세하였다.

비록 온배수의 영향을 받지 않는 수역에 정상적인 먹이가 존재하더라도 어류는 온배수 확산역이나 배수로에 모이는 다른 먹이를 얻기 위하여 능동적으로 온수 구역에 들어가게 된다. 한편 어류는 냉각 계통을 통과하여 배출구 주변 수역에 도달하는 생물을 먹기도 한다. 그 한 예로 Kingsnorth 발전소 배수구 부근에서 채취된 농어류(*Dicentrarchus labrax*)의 위(stomach)에서는 갓 삼킨 청어 무리의 작은 고기(*Sprattus sprattus*)와 자주새우류(*Crangon crangon*)가 발견되었는데, 이들은 발전소 배출구로부터 방출되자마자 먹힌 것이다(Langford, 1987).

그러므로 냉각 계통을 연행하면서 생물이 죽는다고 해서 생태계를 통한 에너지 흐름(energy flow)에서 이들이 반드시 소실된다는 것을 의미하지는 않는다. 사실상 온배수 확산구역에서 활발한 상태를 유지하며 머물러 있는 어류에게 이와 같은 먹을거리를 제공함으로써 자연 수역의 매우 낮은 온도에서 죽지 않고 겨울을 지낼 수 있도록 도와주는 셈이 된다.

2.5 온배수 내의 성장

다른 조건들이 일정하고 적합하다면 어류의 성장은 온도에 의하여 조절될 수 있다. 그렇지만 온배수 확산역이 불안정하고 어류가 이 구역에 체류하는 시간이 일정하지 않으므로 온배수가 어류의 성장에 미치는 효과를 단순하게 예측하기는 어렵다. 이제까지 발전소 부지 주변에서 수행된 조사에서는 어류 개체군(population) 수준의 성장을 주로 다루었고(Ricker, 1975), 각 개체의 성장을 측정한 연구는 거의 없었다.

Langford(1987)에 의하면 온배수가 흐르는 배수운하의 농어류(*Dicentrarchus labrax*) 개체군은 온배수의 영향을 받지 않는 인근의 개체군에 비하여 길이 생장이 빨랐다. 후유생(後幼生, post-larva) 어류가 늦여름과 초가을에 배수운하에 들어와서 운하에 분포하는 무척추동물과 냉각 계통을 통과하는 먹이들을 섭취하며 따뜻한 물에서 빠르게 자랐다. 첫 해의 성장이 끝난 즈음, 농어류는 영국의 다른 어느 수역에서보다도 크게 자랐다.

발전소 배출구 부근에서 조사된 다른 연구에서 망둑류(*Gobius niger*)의 성장률은 유럽의 다른 어떤 장소에서보다 빠르게 나타났다(Vesey & Langford, 1985). 그렇지만 온배수에 의한 영향은 확실하지 않은데, 그것은 온배수 확산이 주로 표층 부근에서 일어나고 망둑류와 같이 바닥에 분포하는 어류는 상승된 수온과 접촉할 것 같지 않기 때문이다. 따라서 냉각 계통을 연행한 생물이 배출구 주변에 쌓이고 이렇게 이용 가능한 먹이가 증가한 것이 어류의 성장을 촉진시키는 주된 원인이 된 것으로 보인다.

제**9**장

복합 효과 및 폐열의 이용

1. 온배수와 기타 요소의 복합 효과

온도가 증가함에 따라 많은 오염물질의 독성이 증가하고 수온의 상승이 독소의 상승효과(synergistic effect)를 일으킬 수 있다는 사실이 널리 알려져 왔다(Cairns *et al.*, 1978; Thurston *et al.*, 1979; Alabaster & Lloyd, 1980). 그렇지만 페놀(phenol)과 같은 어떤 물질은 그와 같은 추세를 따르지 않고(Jones, 1978), 중금속의 독성은 온도와 생물 종에 따라 서로 다른 효과를 나타낼 수 있다(Houston, 1982).

먼저, 기름 탱크나 저탄장과 같이 발전소에서 연료를 저장하는 곳에서 스며 나오는 배수에는 수생생물에게 영향을 미칠 수 있는 오염물질이 포함될 수 있으며, 이와 같은 오염물질에 열은 상조적으로 작용할 수 있다. 화력발전소에서 석탄을 연소하고 남은 재(ash)를 쌓아두는 침전지에서 흘러나오는 방류수는 열과의 복합 여부에 상관없이 수권생태계에 악영향을 미칠 수 있는데, 주변 수역에서 넓은 면적에 걸쳐 식물상과 동물상을 감소시킬 수 있다. 대체로 침전지 배수가 가장 피해를 주는 요소는 고형물질의 엉김(凝集, flocculation), 퇴적(deposition) 또는 부착(accretion)에 따른 물리적 효과이다. 금속의 침출(浸出, leaching), pH 그리고 산소의 고갈도 부수적인 요인이 된다.

발전소 온배수와 관련하여 흔하게 나타나는 중금속은 Becker와 Thatcher(1973)에 의하여 정리된 바 있다. 그러나 현장에서 중금속의 독성을 온도의 효과와 구분하여 파악하기는 현실적으로 쉽지 않다. 수생동물 가운데 발전소 냉각수에 포함된 중금속 때문에 죽었다고 알려진 유일한 동물은 California의 Diablo Canyon 원자력발전소 배수구역에서 조사된 전복 무리(*Haliotis* spp.) 뿐이다 (Martin *et al.*, 1977). 이곳에서는 배수의 구리(Cu) 농도가 독성 농도 이상으로 장기간 지속되었다.

한편 실험실에서 수행된 조사 자료에 따르면 방사성 동위원소, 중금속 및 염소화합물(예를 들면 PCB)과 같은 물질의 생물농축 (bioaccumulation)이 높은 온도에 의하여 증진될 수 있음을 보여주고 있다. 그렇지만 실제로 온배수의 영향을 받는 곳과 받지 않는 곳에서 농축 현상을 비교한 현장 자료는 거의 없다.

Roosenburg(1969)는 굴(*Crassostrea gigas*)이 구리(Cu)의 독성과 농축에 기인하여 발전소 배수구 부근에서 녹색으로 변화한 것을 관찰하였다. 구리는 냉각 계통의 복수기 관이 부식하면서 발생한 것으로 믿어졌다.

방사성 동위원소의 농축에 미치는 온도의 효과는 종에 따라 다르게 나타나고 있다. 예를 들면 자주새우류(*Crangon crangon*)에서 온도가 ^{60}Co와 ^{65}Zn의 흡수에 미치는 효과는 적었다(Van Weers, 1975). 높은 온도는 먹이의 섭취와 탈피(脫皮, molting)의 빈도를 증가시키고, 이는 나아가서 동위원소의 회전율을 증가시킨다.

반면에 Fraizier와 Ancellin(1975)은 온도가 진주담치(*Mytilus edulis*)와 청베도라치과의 물고기(*Blennius pholis*)의 ^{59}Fe 흡수에 영향을 미치는 중요한 요인으로 간주하였다. 미국의 Humboldt Bay 발전소에서는 온배수 확산역에서 굴(*Crassostrea gigas*)이 ^{65}Zn을 농축하였지만, 흡수율은 온도보다는 동위원소의 수중 농도와 관련이 있었다(Salo & Leet, 1968). Maine Yankee 발전소 부근에서 조사한 바에 따르면 온배수의 영향을 받는 곳의 굴이 온배수의 영향을 받지 않는 곳에서보다 빠르게 성장하고 방사성물질의 농축도 빠르게 나타났다.

Patel 등(1975)은 1 km 길이의 배수운하에서 조개류의 요오드(I), 세슘(Cs) 및 코발트(Co) 동위원소의 흡수를 측정하였다. 주변의 자연 수온은 22~24℃이었고, 배수운하의 수온은 27~35℃이었다. ^{137}Cs의 농축과 꼬막류(*Anadara granosa*)의 ^{60}Co 농축은 온도에 따라 차이를 보이지 않았다. 그러나 ^{131}I의 농축은 온도에 따라 차이를 보였으며, 특히 이식 후 30일이 경과한 다음 더욱 뚜렷한 차이를 보였다. 온도가 그 밖의 종이나 다른 동위원소에 미치는 효과는 일관성이 없었다(표 9-1).

표 9-1. 발전소 온배수가 동위원소의 농축에 미치는 효과

(1) 꼬막류(Anadara granosa)에 의 ^{58,60}Co의 농축에 미치는 온도의 효과와 배수운하의 ^{137}Cs 농도

이식 후 경과일수	배수운하의 ^{137}Cs 농도 (pCi ℓ^{-1})	30 - 35℃				29 - 31℃				27 - 29℃			
		^{131}I	^{137}Cs	^{58}Co	^{60}Co	^{131}I	^{137}Cs	^{58}Co	^{60}Co	^{131}I	^{137}Cs	^{58}Co	^{60}Co
		(꼬막류 건조조직 g당 pCi)											
5	30.0	21.2	9.8	3.9	13.5	8.9	8.7	2.8	11.3	9.9	9.2	3.7	10.9
10	31.7	13.5	6.3	2.4	18.3	12.4	5.5	2.6	22.3	9.2	5.8	2.4	17.7
15	23.4	9.5	5.7	2.8	14.5	—	—	—	—	6.8	3.7	1.7	16.3
19	—	—	—	—	—	—	—	—	—	10.9	4.4	1.8	19.9
30	30.4	53.7	14.3	4.9	19.2	45.0	15.0	3.5	17.3	12.7	9.8	8.2	23.6
43	71.5	—	—	—	—	—	—	—	—	36.0	13.6	5.6	37.7
46	67.6	18.1	24.5	4.4	28.0	36.6	26.0	8.9	98.1	—	—	—	—
64	61.0	—	—	—	—	—	—	—	—	25.5	20.8	7.3	111.4
94	28.6	—	—	—	—	—	—	—	—	15.7	9.1	5.7	151.2

(2) 굴(*Crassostrea gryphoides*)에 의한 ^{131}I, ^{137}Cs, ^{58,60}Co 및 ^{65}Zn의 농축에 미치는 온도의 효과

이식 후 경과일수	30 - 35℃					27 - 29℃				
	^{131}I	^{137}Cs	^{58}Co	^{60}Co	^{65}Zn	^{131}I	^{137}Cs	^{58}Co	^{60}Co	^{65}Zn
	(굴 건조조직 g당 pCi)									
0*	0.4	1.0	—	1.8	—	0.4	1.0	—	1.8	—
5	23.4	6.4	4.5	58.0	18.6	24.7	4.6	7.3	44.8	—
15	11.2	4.8	3.5	24.3	4.3	—	—	—	—	—
38	71.5	17.5	12.0	43.3	13.0	31.7	15.7	9.0	33.6	6.0
59	—	—	—	—	—	10.5	28.7	8.0	59.6	7.0

* 이식하기 전 개체군의 방사능

(3) 조개류(Katelysia opima)에 의한 ^{131}I, ^{137}Cs 및 $^{58,60}Co$의 농축에 미치는 온도의 효과

이식 후 경과일수	30 - 35℃				29 - 31℃				27 - 29℃			
	^{131}I	^{137}Cs	^{58}Co	^{60}Co	^{131}I	^{137}Cs	^{58}Co	^{60}Co	^{131}I	^{137}Cs	^{58}Co	^{60}Co
					(조개류 전조조직 g당 pCi)							
0*	—	0.7	—	1.5	—	0.7	—	1.5	—	0.7	—	1.5
5	6.2	6.2	4.3	28.2	—	—	—	—	7.8	5.3	4.9	19.9
10	3.9	3.1	2.2	16.7	—	—	—	—	3.2	2.5	1.6	16.2
15	—	—	—	—	—	—	—	—	3.6	2.4	—	14.3
25	35.7	19.8	15.4	41.6	15.1	19.1	14.1	37.5	12.4	16.6	9.7	27.5
38	—	—	—	—	—	—	—	—	19.4	20.0	12.9	41.8
46	14.9	33.1	14.2	80.5	11.1	28.5	12.4	104.3	9.0	31.5	8.4	80.1

* 이식하기 전 개체군의 농도
(자료 : Patel et al., 1975)

2. 폐열의 이용

발전소에서 배출되는 폐열을 효율적으로 이용하게 되면 자연
수역에 가해지는 열 부하(heat load)를 줄일 수 있고 따라서 열이
주변 생태계에 미치는 효과를 감소시킬 수 있다. 폐열을 이용하
는 다양한 방안 가운데 내륙의 경우 농작물의 생산을 촉진시키
기 위한 지중 가온(soil warming) 또는 온실 난방에도 온배수를
이용할 수 있으나, 여기에서는 수산 양식(aquaculture)에 국한하여
살펴보기로 한다.

온대 지방에서 발전소의 폐열을 이용하게 되면 수산양식 시설
의 온도를 조절하는데 기여할 수 있다. 어류, 연체동물 또는 갑
각류와 같은 대부분의 양식 수산동물이 변온동물이므로, 이들의
체온은 주변의 수온에 따라 수동적으로 조절된다. 산소의 소비,
먹이의 소비, 먹이가 육질로 전환되는 효율 및 성장률 등 생산
효율을 결정짓는 다양한 요인들이 수온에 영향을 받는다.

온대 지방에서 온배수를 수산 양식에 이용하면 다음과 같은
효과를 얻을 수 있다(Hubert, 1980).

- 연장시키거나 연중 가능한 생육기(growing season)
- 수산 양식 시설의 최대 활용과 이에 따른 생산비용의 절감
- 시장과 인접한 곳에서 상업적 종의 생산
- 온대 기후에서 열대 생물의 생산
- 초기 생활 단계에서 성숙과 변태(變態, metamorphosis)의 기
  간 단축

2.1 무척추동물

무척추동물 가운데 갑각류와 연체동물이 수산 양식의 대상생물로 많은 관심을 끌고 있다. 이탈리아의 발전소에서는 온배수에서 식용 새우류(*Panaeus kerathrus*)를 9월부터 4월에 이르기까지 후유생(post-larva) 단계에서 시장 판매에 알맞은 크기로 키우고, 여름에도 또 한 번 수확한다(Palmegiano & Saroglia, 1981). 결과적으로 통상 1년에 한 번 수확할 수 있는 새우의 양식을 온배수를 이용하여 두 번 생산하게 되었다. 일본에서도 이와 비슷하게 새우를 양식하고 있다(Chiba, 1981).

다양한 종류의 굴은 온배수를 이용한 양식의 적합한 생물로 간주된다. 미국 New York 주의 Northport에 있는 Long Island Lighting Company 발전소에서는 일찍이 1960년대부터 온배수를 이용한 굴 양식이 시도되었다. 알에서 키운 유생 굴을 그물 채반에 이식하여 발전소 배수구역에 둔다. 여기서 6~12주간 성장시킨 다음 최종 성장을 위하여 굴을 인근의 바다로 옮기는데, 온수에 담그는 단계가 굴의 빠른 성장을 도와주게 된다. 정상적으로 상품 가치를 지니려면 4~6년이 소요되지만 온배수를 이용하여 양식하면 그 기간을 2년 반~3년 반으로 단축할 수 있다(Hubert, 1980).

California의 발전소들과 Maine Yankee 원자력발전소에서는 온배수를 이용하여 어린 굴(*Crassostrea virginica*)의 성장을 촉진시키는데 성공하였다(Hess *et al.*, 1978). California의 Moss Landing에서는 연체동물의 먹이로 사용되는 식물플랑크톤의 적합한 생장을 촉진시키는데 온배수와 영양소가 풍부한 자연적인 용승류를 이용하고 있다.

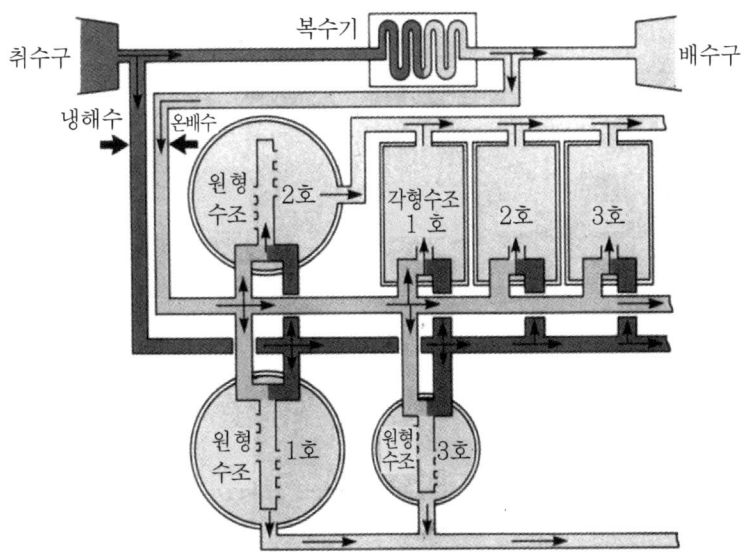

그림 9-1. 일본 후쿠이(福井)현의 다카하마(高浜) 원자력발전소에서 온배
수를 이용하여 어패류를 양식하는 시설. 원형 수조와 4각형의
수조에서는 각각 도미와 전복을 사육한다.

일본 후쿠이(福井)현의 다카하마(高浜) 원자력발전소에서는 온
배수를 이용하여 전복을 양식하고 있다(그림 9-1). 산란 부화시킨
전복을 4각형의 수조에서 3cm 정도의 크기로 키운 다음 발전소
주변 해역에 방류하고 있다. 온배수를 이용하여 전복을 사육하면
자연 해수에서 키운 전복과 비교하여 200일 후 약 두 배 빠르게
성장한다.
우리나라에서도 1998년에 동해안에 위치한 월성원자력발전소
에 온배수 양식장을 준공하여 어류뿐만 아니라 전복을 연간 1천
미 가량 생산할 계획으로 있다.
이 등(1999)은 수온과 먹이 그리고 shelter가 참전복에 미치는

효과를 조사하기 위하여 평균 체중 142 mg인 참전복 치패를 15주간 사육 실험하였다. 그 결과, 생존율은 먹이 종류와 사육 수온에 따라 차이를 보였으며, 자연수의 미역 공급구들이 대체로 낮은 경향을 보였다($p<0.05$). 한편 동일한 먹이 공급구 내에서는 가온수가 자연수보다 높았는데, 특히 배합사료 공급구에서 이러한 차이는 더욱 현저하였다($p<0.05$).

2.2 어 류

뱀장어(*Anguilla anguilla*)와 잉어(*Cyprinus carpio*)를 발전소 냉각수를 이용하여 키웠을 때 성장률이 크게 증진하는 것으로 밝혀졌다(Aston *et al.*, 1976). 수온이 높을수록 성장이 빠르게 나타났으며, 뱀장어의 경우 야생 상태에서 10~14년이 걸려야 상품 가치를 지니게 되지만, 온배수를 이용하여 양식하면 단지 2년 또는 2년 반만에 상품 가치를 지니게 된다. 물론 상업적 생산에는 아직 해결해야 할 문제가 있기는 하지만, 현재 각국에서 시도되고 있는 온배수를 이용한 수산 양식 대상생물 가운데 뱀장어가 가장 주목을 받고 있다.

미국에서는 Maine 주의 Mason 발전소에 상업적 양식장이 세워졌다. Scotland의 Hunterston 원자력발전소에서는 가자미류, 도미류 그리고 농어류를 20년 이상 함께 키우고 있다. 뿔가자미류(*Pleuronectes platessa*)와 홍가자미류(*Hippoglossus hippoglossus*)는 차가운 물에서보다 온배수 구역에서 두 배 가량 빠르게 시장 판매에 알맞은 크기로 성장하였다. 그렇지만 이와 같은 시설을 유지하고 물을 퍼 올리고 여분의 먹이를 주고 자본 경비에 소요되는 경비가 만만치 않기 때문에, 현실적으로는 이들 어류의 양식이 경제적이 아닌 것으로 밝혀지고 있다.

온대 지역이라 할 지라도 폐열을 이용하여 탱크나 연못에서 양식하는 많은 어류에게 온배수는 특히 여름철에 치명적일 수 있다. 이런 경우 계절에 따라 양식 종을 바꾸거나 또는 차가운 물로 바꾸어 탱크나 연못의 최적 조건을 만들어 줄 수 있다. 예를 들면 New Jersey의 Mercer 발전소에서는 수온이 높은 여름에 징거미새우(*Macrobrachium*)를 기르고, 겨울에는 무지개송어(*Oncorhynchus mykiss=Salmo gairdneri*)를 양식한다(Eble *et al.*, 1975).

일본의 후쿠시마(福島)현 수산종묘연구소에서는 인근의 후쿠시마 원자력발전소에서 나오는 온배수를 이용하여 가자미를 양식하는 시설을 갖추었다. 약 3,000m^{2}의 치어 사육동 등 대규모로 세워진 이 양식장에서는 봄과 가을에 자연 해수와 발전소 온배수를 적절하게 혼합하고 특히 자연 수온이 낮은 겨울에는 온배수 단독으로 가자미를 사육하고 있으며, 연간 길이 10cm의 종묘 110만 마리를 생산하여 이 가운데 100만 마리를 방류하고 나머지는 대형 종묘로 양성하고 있다.

한편 후쿠이(福井)현의 다카하마(高浜) 원자력발전소에서는 온배수를 이용하여 어패류를 양식하는 시설을 갖추고 있다(그림 9-1). 여기에서는 원형 수조에서 20cm 가량의 도미를 40cm 정도의 성어로 키우고 있다.

우리나라에서는 1988년에 서해안의 보령화력발전소 구내에 시험양식 시설을 갖추고 인공부화 등 각종 시험을 마친 후 1990년에 시설을 확충하여 892평의 부지에서 연간 25만 마리를 생산하는 체제를 갖추었으며, 영광원자력발전소에도 1995년에 성어생산 양식장을 준공하여 현재 넙치와 우럭을 연간 15만~30만 마리 가량 생산하여 분양하거나 방류하고 있다. 1998년에는 동해안에 위치한 월성원자력발전소에 1,601평 부지의 온배수 양식장을 준

공하였으며, 넙치와 조피볼락을 각각 연간 10만 마리 이상 생산
할 계획으로 있다.

한편 발전소 온배수 확산해역에서 자연적인 어류의 대량 생산
체계를 확립하는 해양목장화 사업도 추진되고 있다. 해양목장화
(海洋牧場化, marine ranching) 사업이란 온배수 확산해역이 난류
성 어류의 서식환경에 적합하다는 점을 이용하여 어초(魚礁), 음
향급이시설 등 여러 가지 시설물을 설치하고 어패류의 서식 환
경을 육상의 목장이나 농장처럼 만들어 관리하는 것을 말한다.
우리나라에서는 1990년대 말에 1단계로 각 발전소의 해양환경
조사, 해양목장 시범지역 선정, 치어 방류 및 어업 조사를 통하
여 어장 조성기술을 개발하였으며, 2천년대에는 2단계로 해양목
장의 시험시설을 설치하고 효과를 분석한 다음, 3단계로 각 발전
소에 확대 실시할 예정이다.

3. 온배수를 이용한 수산 양식의 문제점

수생생물을 양식함에 있어서 온배수를 직접 연속적으로 이용
하는 것은 좀처럼 가능하지 않다. 그것은 양식장에서 필요로 하
는 조건과 발전소의 가동 조건이 항상 일치할 수 없기 때문이다.
발전소의 가동 계획, 전력 수요의 계절적 변동 또는 발전소의 불
시 정지 등으로 인하여 발전소에서 방출되는 배수의 양과 온도
가 예측 가능하게 또는 예견할 수 없게 변화하게 된다.

3.1 온도

온배수를 이용하여 양식하는 어류와 갑각류가 치명적인 높은 온도에 기인하여 사망하는 사례가 있고, 이것은 내성이 약한 종에게는 항상 문제점으로 대두된다. 겨울에 발전소가 갑자기 운전을 정지하면 더욱 큰 문제가 될 수 있다. 온배수가 흐르는 배수운하에 순화(acclimatization)된 어류의 경우 물의 온도가 $10\sim12℃$까지 갑자기 떨어지게 되면 어류의 사망을 야기할 수 있다. 특히 탱크나 가두리 양식장에서는 이와 같은 악조건을 피하거나 모면할 길이 없다. 온배수를 이용하는 대규모 양식장에서 이와 같은 비상 사태에 대처하기 위한 대기 장비를 갖춘다는 것은 현실적으로 불가능하다. 그러므로 온배수를 이용하는 양식 시설을 세울 때 양식에 필요한 열을 안정적으로 공급받을 수 있게끔 온배수를 방출하는 발전소가 다수기 세워진 부지를 선정하는 것이 바람직하다.

3.2 염소와 기타 살생제

발전소의 염소 처리와 이에 따른 잔류염소는 Hunterston 원자력발전소의 해산어류 양식 시험장에서 가장 먼저 직면한 문제점의 하나이었다. 염소에 따른 어류의 사망을 방지하기 위하여 염소 경보(chlorine alarm) 장치를 설치하고 배수의 공급을 차단하도록 밸브를 작동시키는 체제를 갖추었다. Hunterston에 설치된 염소 경보 장치는 $0.03\ mg\ \ell^{-1}$의 낮은 농도에서도 작동할 수 있도록 설계되었다. 대용량 발전소에서는 복수기 입구에서 $0.2\sim0.5\ mg\ \ell^{-1}$

의 농도로 염소를 주입하고 있으며, 복수기를 거치는 동안 붕괴되고 희석되면서 복수기 출구와 배수구에서는 이들의 농도가 감소한다. 그렇지만 염소는 낮은 농도에서도 양식하는 어류와 갑각류의 유생 단계에 독성을 나타낼 수 있으므로 탈염소(dechlorination) 방법을 도입하는 것이 바람직하다.

배수의 탈염소 처리에는 다양한 화학물질을 이용하는데(Langford, 1983), 그 가운데 티오황산염(thiosulfate) 화합물과 이산화황(sulfur dioxide)을 가장 보편적으로 사용한다. Seegert와 Brooks(1978)는 활성탄소(activated carbon), 자외선 및 아황산나트륨(sodium sulfite) 등의 다양한 탈염소 방법을 비교한 결과, 활성탄소와 아황산나트륨을 병용하는 방법이 가장 안전하고 효과적인 방법이라고 권고하였다.

Scott(1983)는 염소와 티오황산염을 정확하게 1 : 1의 비율로 염소 처리된 배수를 티오황산염으로 탈염소 시키면 잔류 염소 때문에 해산 무척추동물에서 나타나는 독성과 생리적 압박의 정도를 감소시킨다고 결론지었다. 그렇지만 과다한 티오황산염 역시 해를 미칠 수 있다.

명백히 온배수를 이용하는 수산 양식에 있어서 가장 안전한 곳은 염소나 기타 살생제를 처리하지 않는 곳이다. 이를테면 복수기를 물리적으로 세정하는 발전소가 바람직하다.

맺 음 말

　삼면이 바다로 둘러싸인 우리나라는 오랜 역사를 두고 세계에
서 그 유례를 찾기 어려울 정도로 다양한 해양생물을 식용자원
등으로 활용하여 왔다. 시장에 나가보면 해조류는 물론 각종 해
양동물들을 수북하게 담아놓고 파는 모습을 보게 된다.

　먼저 해조류의 경우를 예로 들어보자. 학계에 발표된 자료에
따르면 우리나라에서는 해조류 87종을 식용으로, 54종을 약용으
로 그리고 74종을 공업용으로 이용하는 것으로 집계되었다(Oh *et
al*., 1990). 이들 유용 해조류는 모두 164종으로 우리나라 전체 해
조류의 약 1/4에 달한다. 물론 김, 다시마 등 해조류의 소비에 있
어서는 일본을 세계 으뜸으로 치지만, 일본 사람들이 식용으로

이용하는 해조류를 유심히 살펴보면 그 종류가 몇 종에 불과하다는 사실을 알 수 있다. 음식 문화에 관한 한 세계 제일이라 일컫고 각국에 퍼져서 그 민족의 입맛에 맞는 음식을 개발하는데 빼어난 소질을 갖춘 중국인조차도 해조류를 요리의 재료로 결코 사용하지 않는다.

어류 또한 우리처럼 다양하게 소비하는 나라가 없을 것이다. 그 한 예로써 시중에서 흔히 접할 수 있는 쥐포를 만드는 쥐치는 우리가 넉넉하지 못하였던 시절에도 차마 먹지 않았던 물고기이었다. 그러나 70년대 초부터 시작하여 최근에 이르기까지 어류 가운데 몇 손가락 안에 들 정도의 어획량을 기록하였다. 그밖에도 새우젓, 멸치젓, 조기젓, 오징어젓, 어리굴젓, 꼴뚜기젓, 까나리젓 등 우리네 식탁을 장식하는 젓갈의 종류만도 헤아리기 힘들 정도로 많다. 우리 민족은 해양생물을 이용하여 실로 다양한 먹거리 문화를 창조하여 왔다고 하여도 결코 지나친 표현이 아닐 것이다.

이와 같은 소중한 자원의 대부분이 우리의 연근해로부터 나온다. 연안 곳곳에는 각종 해양생물의 양식장과 어장이 형성되어 있으며, 바다는 수산업에 종사하는 주민들의 소중한 삶의 터전이 되고 있다. 바닷가를 끼고 여행을 하노라면 바다에 떠 있는 바둑판 모양의 각종 시설물을 누구나 쉽게 발견할 수 있다. 비록 그와 같은 시설물이 눈에 띄지 않더라도 해안의 마을마다 바닷물에 들어가지 말라는 경고판을 볼 수 있다. 이는 어민들의 소득 증대를 위하여 어촌계마다 막대한 경비를 들여 전복 등 유용 자원의 종패를 인근 바다에 투입하였기 때문이다. 한 마디로 노는 바다를 찾아 볼 수 없을 정도이다.

그런데 이와같은 바닷가에 화력발전소와 원자력발전소가 세워지고 이들 발전소에서 배출되는 온배수가 우리의 관심을 끌고 있다. 기온의 일변화가 심한 육상의 경우와는 달리 바다는 온도에 관한 한 비교적 안정된 조건을 유지하고 있다. 이를테면 육상에서는 하루에도 보통 10℃ 이상 기온이 차이가 나고 있지만 바다에서는 온도가 하루 종일 1℃ 내외에서 변할 따름이다. 따라서 바다에 출현하는 생물은 좁은 온도 범위 내에서 생활하고 있으며, 어류의 경우 심지어는 0.05℃ 가량의 미묘한 온도 변화를 감지한다고 알려져 있다(제4장 참조).

그런데 이렇게 안정된 온도 환경이 발전소에서 배출되는 온배수의 열에너지로 말미암아 급격하게 변모되면 생물은 혼란을 겪게 된다. 예전에 출현하던 생물 가운데 변모된 환경에 적합하지 않은 생물은 죽거나 다른 곳으로 이동하게 되고, 반면에 그 전에는 출현하지 않던 생물이 다량 출현하기도 한다.

더구나 우리의 생활과 직결되는 많은 유용한 해양생물들, 특히 미역이나 김과 같은 양식 해조류는 낮은 온도에서 잘 자라게 된다(강과 고, 1977). 이와 같은 저온성 생물들이 온배수를 접하게 되면 정상적인 생육을 기대하기 어렵게 된다. 특히 발전소 부지의 새로운 입지 선정에 난관을 겪고 있는 우리나라에서는 부득이 기존의 부지에 다수기를 건설할 예정이고, 이들 후속기가 추가로 가동될 때 첨가되는 냉각수량에 기인하여 온배수 확산 범위가 확장될 가능성을 배제할 수 없다. 따라서 다수기의 가동에 따른 온배수의 방출이 저온을 요구하는 주요 양식종에 미치는 영향에 대하여 면밀한 조사 연구의 필요성이 제기된다(김, 1999a).

따라서 비록 때늦은 감이 없지는 않지만 온배수의 문제점을 범국민 차원에서 심도 있게 논의하고 그 대책을 수립하는 것이 바람직하다고 본다. 그 대책의 골자는 크게 두 가지로 요약될 수 있는데, 하나는 냉각 계통의 변경이고 다른 하나는 온배수의 효율적 이용 방안 모색이다.

먼저 취수한 물을 복수기를 거친 다음 그대로 환경으로 방출하는 현재와 같은 관류 냉각 방식은 우리나라의 특수성에 맞지 않는다. 앞서 설명한 바와 같이 우리나라 연안은 외국의 경우와 비교되지 않을 정도로 다양한 생물자원의 보금자리가 되고 있으므로, 냉각탑을 세우거나 아니면 장거리에 걸친 냉각 수로 또는 거대한 냉각 연못을 만들어 냉각수의 온도를 현저하게 감소시킨 다음 바다로 내보내는 방식으로 변경함이 바람직하다(제1장 참조). 다른 대안으로써 배수되기 전에 부가적인 냉각수로 혼합 회석시키거나, 온배수 층의 범위를 줄이기 위하여 분사식 확산기(jet diffuser) 또는 다공 확산기(multiport diffuser)를 사용하는 방안 그리고 배수되는 수역보다 깊은 수역의 차가운 물을 취수하여 냉각수로 사용하는 방법들 역시 검토될 수 있다(IAEA, 1974; 김, 1983). 물론 이들 방안도 나름대로 또 다른 측면에서 생태적 효과를 미칠 수 있으므로(Langford, 1990), 이에 대한 충분한 연구가 따라야 할 것이다. 하여튼 우리나라에서는 이와 같은 냉각 계통의 변경을 신중하게 검토하지 않았는데, 그 주된 이유는 이러한 시설을 갖추는데 엄청난 경비가 소요된다는 것이다.

한편 어차피 방출할 온배수라면 그 또한 귀중한 열에너지인데 이를 유용 어패류 양식이나 온실 재배 등으로 다각적으로 활용하여 인근 주민들의 소득 증대에 기여할 수 있는 방안을 다각적으로 모색하는 것도 바람직하다. 물론 1990년대에 들어 영광이나 월성 등 몇 군데에 어류 양식장이 세워지고 여기서 양식한 넙치, 조피볼락 등 몇 종류의 어류를 분양하거나 방류하기는 하였지만, 아직 그 수준은 일본 등 선발 국가에 비하면 미흡한 수준이라고 본다. 폐열의 유효적 이용 방안은 앞으로 더욱 다각적으로 확대되어야 할 것이다.

원자력발전이 주변 환경에 미치는 영향을 방사능과 온배수 문제로 대별해 볼 때, 방사능 문제에 대한 대책 수립과 비교하여 온배수 문제는 큰 관심을 끌지 못하는 것 같다. 정부와 한전은 원전의 방사선 재해대책을 수립하고 엄청난 예산과 인력을 투입하면서 방사능 방재훈련(합동훈련, 전체훈련, 분기훈련)을 부지별로 실시하고 있다(산업자원부·한국전력공사, 1998). 원전 주변 주민들에 대한 설명회나 워크숍은 물론 방사능 위주로만 그간 운영되어 왔다.

반면 엄청난 양으로 주변 해역에 쉬지 않고 방출되는 온배수에 대하여는 어떠한가? 온배수에 관한 한 정부가 수수방관한다는 표현이 어울릴 정도로 대책을 찾아 볼 길이 없다. 1996년에 원자력법 및 시행령이 개정되면서 원전 주변 환경평가를 일반 환경과 방사선 환경 측면으로 이원화함에 따라 과학기술부는 이제 방사능 이외에는 관심이 없는 듯 하고, 산업자원부는 원전 주변 환경조사 지침(산자부 고시 제 1996-330호)을 제정 고시한 것으로 만족하고 있으며, 환경부 산하 30개 환경관리위원회에도 온배수 문제를 집중적으로 다룰 수 있는 위원회가 없는 실정이다. 규제 기준 역시 환경부의 수질환경보전법 시행규칙 가운데 오염물질의 배출허용기준에서 배출수의 온도를 단순히 40℃로만 규정하였을 따름이다.

그간 연안에 건설되어 가동되는 화력발전소나 특히 원자력발전소에서 배출되는 온배수와 관련하여 인근 주민들의 작고 큰 집단 행동, 피해 보상 소송과 보상액 지급 등이 지루하게 반복되었음은 주지의 사실이다. 이와 같은 파문은 나아가서 후속기 건설 사업 추진에도 크나큰 걸림돌이 되고 있다고 하여도 과언이 아니다. 특히 지난 1996년에 영광 군수에 의한 영광원전 5·6호기 건축허가 취소 사태가 빚어진 것이 방사능 문제라기보다는 온배수 저감 대책이 미흡한 때문이었다는 사실에 주목할 필요가 있다.

많은 사람들이 21세기를 '환경의 세기'라고 부르는데 주저하지 않는다. 두말할 나위 없이 우리나라가 21세기 세계 중심에 선 일류국가가 되려면 그 무엇보다도 우선 환경모범국가가 되어야 한다.

이러한 맥락에서 최근 한전이 환경친화경영을 역점과제로 선정하고 쾌적한 환경조성과 폐기물 저감을 위한 환경방침을 설정하여 이행하고 있음은 매우 고무적이다. 그러나 현대 감각에 맞는 조형미를 강조하거나 여유공간을 활용하는 공원을 조성한다고 해서 결코 환경친화적 발전소가 될 수는 없다. 설계 단계부터 발전소의 건설과 가동이 주변 환경에 미치는 영향을 최소화시키는 방안이 적극 반영되고, 나아가서 발전 업무에 종사하는 모든 구성원들이 앞장서서 환경을 지키겠다는 '환경 마인드'를 지녀야 비로소 진정한 의미의 환경친화적 발전소라 할 것이다.

온배수 문제야말로 바야흐로 21세기에 우리 모두가 진지하게 논의하고 지혜를 모아 해결해야 할 매우 중요한 환경 문제임에 틀림없다.

참고문헌

강래선, 고철환 (1999). 수온과 광량에 따른 다시마 초기 생활사의 발아와 성장. 한국수산학회지 **32**, 438-443.

강제원, 고남표 (1977). 해조양식. 태화출판사.

길봉섭, 유현경 (1999). 온배수 유입하천에 형성된 수생식물군집의 생태학적 연구. 환경생물학회지 **17**, 139-146.

김성연, 이택열 (1988). 화력발전소에서 유출되는 주요 오염물질이 연안패류에 미치는 영향. 해양연구 **10**, 47-65.

김영만, 권지영 (1997). 염도와 수온의 변화가 *Vibrio vulnificus*의 생존에 미치는 영향. 한국수산학회지 **30**, 367-376.

김영식, 남기완 (1997). 한국산 미역 배우체의 생장과 성숙에 대한 온도 및 광반응. 한국수산학회지 **30**, 505-510.

김영환 (1983). 원자력발전에 수반되는 온배수의 방출이 주변 해양 생태계에 미치는 영향연구. 기술현황분석보고서, 한국원자력연구소.

김영환 (1986). 고리원자력발전소 주변 해조류에 관한 연구 2. 1983년의 해조류 식생. 조류학회지 **1**, 241-249.

김영환 (1999a). 원자력발전소의 건설과 가동이 저서 해조류에 미치는 영향. 환경생물학회지 **17**, 379-387.

김영환 (1999b). 온배수와 해양환경 영향. 제5회 원전환경 Workshop 논문집, pp. 179-206, 한국전력공사.

김영환, 김형근, 오윤식 (1999). 원전 온배수에 의한 해저식물의 영향 연구. '99 전력연-단526. 전력연구원.

김영환, 엄희문, 강연식 (1998). 한국산 내열종 해조류의 정성·정량적 분석 I. 고리원자력발전소. 조류학회지 **13**, 213-226.

김영환, 유종수 (1992). 서해안 영광원자력발전소 주변의 해조식생. 환경생물학회지 **10**, 100-109.

김영환, 이정호 (1980). 고리원자력발전소 주변 해조류에 관한 연구 1. 1977-1978년의 해조군집의 변화. 식물학회지 **23**, 3-10.

김영환, 최상일 (1995). 발전소 냉각계통이 해조 식생에 미치는 영향. 조류학회지 **10**, 121-141.

김영환, 허성회 (1998). 서해안 영광원자력발전소 주변 해조군집의 종조성과 생물량. 한국수산학회지 **31**, 186-194.

김형근 (1993). 고리 원자력발전소 연안 해조군집의 종조성과 계절 변화. 강릉대학교 동해안지역연구 **4**, 12-19.

김형근, 강래선, 손철현 (1992). 고리 원자력발전소 연안의 해조군집에 대한 온배수의 영향. 조류학회지 **7**, 269-279.

김형근, 손철현 (1993). 온배수 지역 조간대 해조군집의 종 다양도. 강릉대학교 동해안지역연구 **4**, 20-26.

김홍기, 김영환 (1991). 한국 3개 원자력발전소 주변 해조군집. 조류학회지 **6**, 157-192.

산업자원부, 한국전력공사 (1998). 1998년 원자력발전백서. 산업자원부, 한국전력공사.

손철현 (1996). 한국 해조류 양식 발달에 관한 고찰. 조류학회지 **11**, 357-364.

심재형, 여환구 (1992). 한국 연안해역에 있어서 온배수 배출의 생태학적 영향 Ⅱ. 고리원자력발전소 냉각계통 통과에 따른 식물플랑크톤의 변화. 환경생물학회지 **10**, 1-8.

심재형, 여환구, 신윤근 (1991). 한국 연안해역에 있어서 온배수 배출의 생태학적 영향 Ⅰ. 고리원자력발전소 주변해역에서 미소 및 초미소 자가영양 플랑크톤의 중요성. 한국해양학회지 **26**, 77-82.

여환구 (1992). 온배수 유출해역 일차생산시스템의 환경생물학적 연구. 서울대학교 박사학위논문. 155 pp.

여환구, 김만근 (1998). 원자력발전소 및 화력발전소 냉각계통 통과에 따른 식물플랑크톤의 영향. 환경생물학회지 **16**, 101-105.

여환구, 심재형 (1992). 한국 연안해역에 있어서 온배수 배출의 생태학적 영향 Ⅲ. 고리원자력발전소 부근 해역 무생물환경과 일차생산자의 군집구조. 환경생물학회지 **10**, 122-142.

여환구, 심재형 (1993). 한국 연안해역에 있어서 온배수 배출의 생태학적 영향 Ⅳ. 고리원자력발전소 부근 해역 일차생산자의 생물량과 생산력. 환경생물학회지 **11**, 124-130.

여환구, 허성회 (1999). 고리해역 표영환경내 식물플랑크톤 군집의 시공간적 변화. 환경생물학회지 **17**, 71-77.

유광일, 김원록 (1997). 고리해역에서의 모악류의 계절변동. 환경생물학회지 **15**, 9-17.

유광일, 이진환 (1982). 고리원자력발전소 주변 해역의 부유성 규조류에 관하여. 해양연구소보 **4**, 53-62.

이상민, 박찬선, 고태승 (1999). 수온과 shelter 형태를 달리한 참전복 사육에서 배합사료 및 미역 공급 효과. 한국수산학회지 **32**, 284-289.

이순길 (1987). 화력발전소 냉각계통이 해양생물에 미치는 영향 Ⅱ.

저서생물에 미치는 영향. 한국수산학회지 **20**, 391-407.

이순길, 진 평 (1987). 화력발전소 냉각계통이 해양생물에 미치는 영향 I. 기초생산력에 미치는 영향. 한국수산학회지 **20**, 381-390.

이진환, 이은호 (1997). 화력발전소(보령·서천) 주변 해역에서 식물 플랑크톤 군집의 계절적 변동. 조류학회지 **12**, 105-115.

일본 후쿠시마현 온배수조사관리위원회 (1996). 온배수조사 종합보고서 (1974~1994년도). 후쿠시마현 온배수조사관리위원회. (일본어)

정연태, 문연자, 김미연, 최민규, 길봉섭 (1999a). 온천 배수 유입에 따른 소형 하천의 생태계 변화와 회복에 관한 연구 - 소형 하천에서 온천 배수가 부착조류 군집에 미치는 영향 -. 환경생물학회지 **17**, 345-358.

정연태, 이덕배, 이경보, 김미연, 김백호, 최민규, 박승택 (1999b). 온배수 유입 소형 하천의 수질 및 토양오염과 회복에 관한 연구 I. 온배수가 인근 소하천과 농업 환경에 미치는 영향. 환경생물학회지 **17**, 337-344.

한국원자력연구소 (1980). 부지환경조사보고서: 원자력발전소 7,8호기. 한국원자력연구소.

Abbott, I. A. and North, W. J. (1971). Temperature influences on floral composition in California coastal waters. *Proc. Intl. Seaweed Symp.* **7**, 72-79.

Ackermann, W. C., White, G. F. and Worthington, E. B. (Eds) (1973). *Man-Made Lakes: their Problems and Environmental Effects.* Geophysical Monograph 17, American Geophysical Union, Washington, D.C.

Ackers, P. (1969). Modelling of heated water discharges, pp. 177-213. In: Parker, F. L. and Krenkel, P. A. (Eds). *Engineering Aspects of Thermal Pollution.* Vanderbilt University Press, Portland,

Oregon.

Adams, J. R. (1969). Ecological investigations related to thermal discharges. Pacific Coast Electrical Association, Engineering Operations Section, Annual Meeting, Los Angeles.

Alabaster, J. S. and Lloyd, R. (1980). *Water Quality Criteria for Freshwater Fish*. Butterworths, London and Boston.

Alderdice, D. F. and Velsen, F. P. J. (1978). Relation between temperature and incubation time of eggs of chinook salmon (*Oncorhynchus tshawytscha*). *J. Fish. Res. Board. Can.*, **35**, 69-75.

Alderson, R. (1974). Sea-water chlorination and the survival and growth of the early development stages of plaice, *Pleuronectes platessa* L. and Dover sole, *Solea solea* (L). *Aquaculture*, **4**, 41-53.

Anderson, D. R. (1983). Chlorine-heavy metals interaction on toxicity and metal accumulation, pp. 811-826. In: Jolly, R. L., Brungs, W. A., Cotruvo, J. A., Cumming, R. B., Mattice, J. S. and Jacobs, V. A. (Eds). *Water Chlorination; Environment, Health and Risk, Vol. 4, Book 2*. Ann Arbor Science, The Butterworth Group, Ann Arbor, Michigan.

Arnaud, P. M., Bellan-Santani, D., Harmelin, J.G., Marinopoulos, J. and Zibrowis, H. (1981). Impact des rejets d'eau chaude de la centrale thermo-electrique EDF de Martigues-Ponteau (Mediterranee nord-occidentale) sur le zoobenthos des substrats durs superficiels, pp. 701-724. In: EDF. Influence des rejets thermiques sur le milieu vivant en mer et en estuaire, *Journees de la Thermo-ecologique*, Direction de l'Equipment, Electricité de France.

Arndt, H. E. (1968). Effect of heated water on a littoral community in Maine, in US Senate Public Works Committee on Thermal Pollution, 90th Congress, 2nd Session. Hearings before subcommittee on air and water.

Aston, R. J., Brown, D. J. A. and Milner, A. G. P. (1976). *Heated Water Farms at Inland Power Stations*. Central Electricity Generating Board, Newsletter No. 102, London.

Bamber, R. N. and Henderson, P. A. (1981). Bradwell biological investigations; analysis of the benthic surveys of the River Blackwater up to 1975. CEGB Internal Report, RD/L/2042, R81, Leatherhead, UK.

Bamber, R. N. and Spencer, J. F. (1984). The benthos of a coastal power station thermal discharge canal. *J. Mar. Biol. Assn.*, **64**, 603-623.

Barica, J. (1975). Summerkill risk in prairie ponds and possibilities of its prediction. *J. Fish. Res. Board, Can.*, **32**, 1283-1288.

Barnett, P. R. O. (1972). Effects of warm water effluents from power stations on marine life. *Proc. Roy. Soc. Lond. B*, **180**, 497-509.

Barnett, P. R. O. and Hardy, B. L. S. (1969). The effect of temperature on the benthos near Hunterston Generating Station, Scotland. *Ches. Sci.*, **10**, 255-256.

Barnett, P. R. O. and Hardy, B. L. S. (1984). Thermal Deformations, pp. 1769-1926. In: Kinne, O. (Ed.). *Marine Ecology, Volume V, Ocean Management, Part 4, Pollution and Protection of the Seas, Pesticides, Domestic Wastes, and Thermal Deformations*, Wiley-Interscience, New York.

Becker, C. D. and Thatcher, T. O. (1973). Toxicity of power plant chemicals to aquatic life. US Atomic Energy Commission Report No. Wash. 1249, US Government Printing Office, Washington, D.C.

Bowles, R. R. and Merriner, J. V. (1978). Evaluation of ichthyoplankton sampling gear used in power plant entrainment studies, pp. 33-45. In: Jensen, L. D. (Ed.). Fourth National

Workshop on Entrainment and Impingement. E.A. Communications, Ecological Analysts, New York.

Bradford, J. M. and Burns, D. A. (1977). The effects of the Marsden 'A' thermal power station on the marine zooplankton. *N.Z. Oceanogr. Inst.*, **3**(9), 69-79.

Brett, J. R. (1970). Fishes, functional responses, Chap. 3 (Temperature), pp. 515-560. In: Kinne, O. (Ed.). *Marine Ecology, Vol. 1, Environmental Factors, Part 1*, Wiley-Interscience, New York.

Briand, F. J. P. (1975). Effects of power plant cooling-systems on marine phytoplankon. *Mar. Biol.*, **33**, 135-146.

Brock, T. D. (1975). Predicting the ecological consequences of thermal pollution from observations on geothermal habitats, pp. 599-621. In: IAEA. *Environmental Effects of Cooling Systems at Nuclear Power Stations.* International Atomic Energy Agency, Vienna.

Brock, T. D. (1985). Life at high temperatures. *Science, NY*, **230** (4722), 132-138.

Brooks, A. S. and Liptak, N. E. (1979). The effect of intermittent chlorination on freshwater phytoplankton. *Wat. Res.*, **13**, 49-52.

Brylinski, J. M. (1981). Influence d'un enchauffement permanent des eaux par les rejets d'une centrale thermique sur le developpment de *Temora longicornis* (Copepoda, Calanoida), dans le port de Dunkerque, pp. 659-677. In: EDF. Influence des rejets thermiques sur le milieu vivant en mer et en estuaire, *Journees de la Thermo-ecologique*, Direction de l'Equipment, Electricité de France.

Cairns, J., Buikema, A. L., Heath, A. G. and Parker, B. C. (1978). Effects of temperature on aquatic organisms sensitivity to selected chemicals. Bulletin 106, Virginia Water Resources Research Center, Blacksburg, Virginia.

Cannon, T. C., Jinks, S. M., Kings, L. R. and Lauer, G. J. (1978).

Survival of entrained ichthyoplankton and macro-invertebrates at Hudson River power plants, pp. 71-90. In: Jensen, L. D. (Ed.). Fourth National Workshop on Entrainment and Impingement. E.A. Communications, Ecological Analysts, New York.

Carpenter, E. J., Peck, B. B. and Anderson, S. J. (1974). Survival of copepods passing through a nuclear power station on North-eastern Long Island Sound, USA. *Mar. Biol.*, **24**, 49-55.

Carter, S. R. (1978). Macroinvertebrate entrainment study at Fort Calhoun station, pp. 155-169. In: Jensen, L. D. (Ed.). Fourth National Workshop on Entrainment and Impingement. E.A. Communications, Ecological Analysts, New York.

Carter, S. R., Bazata, K. R. and Anderson, D. L. (1982). Macroinvertebrate communities of the channelized Missouri River near two nuclear power stations, pp. 147-185. In: Hesse, L. W., Hergenrader, G. L., Lewis, H. S., Reetz, S. D. and Schlesinger, A. B. (Eds). The Middle Missouri River. A collection of papers on the biology with special reference to power station effects. The Middle Missouri River Study Group. Norfolk, NE, USA.

Castenholz, R. W. and Wickstrom, C. E. (1975). Thermal streams, pp. 264-295 (Chapter 12). In: Whitton, B. A. (Ed.). *River Ecology.* Blackwell, London.

Chiba, K. (1981). Present status of flow-through and recirculating systems and their limitations in Japan, pp. 41-51. In: Tiews, K., (Ed.). *Aquaculture in Heated Effluents and Circulation Systems, Vol. 11. Proceedings of a World Symposium, Stavanger*, 1980, Heenemann, Berlin.

Choe, S and Chung, T. W. (1970). Oceanological studies for the construction of the Kori nuclear power plant. CI 47-109. Korea Institute of Science and Technology, Seoul.

Chow, W. and Kawaratani, R. K. (1983). Biofouling assessment and control; An Electric Power Research Institute overview, pp. 887-900. In: Jolley, R. L., Brungs, W. A., Cotruvo, J. A., Cumming, R. B., Mattice, J. S. and Jacobs, V. A. (Eds). *Water Chlorination; Environment, Health and Risk, Vol. 4, Book 2.* Ann Arbor Science, The Butterworth Group, Ann Arbor, Michigan.

Corpe, W. A. (1972). Microfouling; The role of primary film-forming marine bacteria, pp. 598-609. In: Acker, R. F., Brown, B. F., DePalma, J. R. and Iverson, W. P. (Eds). *Proceedings of the Third International Congress on Marine Corrosion and Fouling.* National Bureau of Standards, Gaithersburg, Maryland.

Cory, R. L. and Nauman, J. W. (1969). Epifauna and thermal additions. *Ches. Sci.*, **10**, 210.

Coughlan, J. (1969). The littoral fauna of Milford Haven, near the outfall of Pembroke power station. CEGB Internal Report RD/L/N 27/69, Leatherhead, UK.

Coughlan, J. and Davis, M. H. (1983). Effect of chlorination on entrained plankton at several United Kingdom coastal power stations, pp. 1053-1066. In: Jolley, R. L., Brungs, W. A., Cotruvo, J. A., Cumming, R. B., Mattice, J. S. and Jacobs, V. A. (Eds). *Water Chlorination; Environment, Health and Risk, Vol. 4, Book 2.* Ann Arbor Science, The Butterworth Group, Ann Arbor, Michigan.

Coughlan, J. and Whitehouse, J. W. (1977). Aspects of chlorine utilisation in the United Kingdom. *Ches. Sci.*, **18**(1), 102-111.

Coutant, C. C., Cox, D. K. and Moore, K. W. (1976). Further studies of cold-shock effects on susceptibility of young channel catfish to predation, pp. 154-158. In: Esch, G. W. and McFarlane, R. W. (Eds). *Thermal Ecology, II.* Technical Information Centre, Energy Research and Development Administration, ERDA Symposium Series (Conf. 750425), Springfield, Va.

Cummins, K. W. (1972). What is a river? A zoological description, pp. 33-52. In: Oglesby, R. T., Carlson, C. A. and McCann, J. A. (Eds). *River Ecology and Man*. Academic Press, New York, London.

Cushing, D. H. (1976). The impact of climatic change on the fish stocks in the North Atlantic. *Geogr. J.*, **142**, 216-227.

Davies, B. R. and Walker, K. F. (Eds) (1986). *The Ecology of River Systems*. Monographia Biological, Vol. 60, Dr. W. Junk, Amsterdam.

Davies, I. (1966). Chemical changes in cooling water towers. *Int. J. Air Wat. Pollut.*, **10**, 853-863.

Davis, M. H. and Coughlan, J. (1978). Response of entrained plankton to low-level chlorination at a coastal power station, pp. 369-376. In: Jolley, R. L., Gorchev, H. and Hamilton, D. H. (Eds). *Water Chlorination: Environmental Impacts and Health Effects, Vol. 2*. Ann Arbor Science, Ann Arbor, Michigan.

Davis, M. H. and Coughlan, J. (1983). A model for predicting chlorine concentration within marine cooling circuits and its dissipation at outfalls, pp. 347-358. In: Jolley, R. L., Brungs, W. A., Cotruvo, J. A., Cumming, R. B., Mattice, J. S. and Jacobs, V. A. (Eds). *Water Chlorination; Chemistry and Water Treatment, Vol. 4, Book 1*. Ann Arbor Science, The Butterworth Group, Ann Arbor, Michigan.

Davis, M. H. and Coughlan, J. (1984). Comparative studies of the effects on marine phytoplankton of three methods of power plant chlorination. 5th Conference on Water Chlorination: Environmental Impact and Health Effects.

Deacutis, C. F. (1978). Effect of thermal shock on predator avoidance by larvae of two fish species. *Trans. Am. Fish. Soc.*, **107**(4), 632-635.

De Sylva, D. P. (1969). Theoretical considerations of the effects of heated effluents on marine fishes, pp. 229-293. In: Krenkel, P. A. and Parker, F. L. (Eds). *Biological Aspects of Thermal Pollution.* Vanderbilt University Press, Portland, Oregon.

Devinney, J. S. (1980). Effects of thermal effluents on communities of benthic marine algae. *J. Environmental Management,* **11**, 225-242.

Eble, A. F., Stolpe, N. R. and Evans, M. C. (1975). The use of thermal effluents of an electric generation station in New Jersey in aquaculture of the Great Malaysian prawn *Macrobrachium rosenbergii* and the Rainbow trout *Salmo gairdneri.* Proc. Power Plant Waste Heat Utilization in Aquaculture Workshop, November 6-7, Trenton, NJ.

Edinger, J. E. and Geyer, J. C. (1965). *Heat Exchange in the Environment.* Edison Electric Institute Research, New York.

Edwards, R. W. and Brooker, M. P. (1982). *The Ecology of the Wye.* Monographie Biologicae, Vol. 50, Illies, J. (Ed.), Dr W. Junk, The Hague, Boston, London.

Eisenbud, M. (1973). *Environmental Radioactivity.* Academic Press, London, New York.

Erickson, J. and Freeman, A. J. (1978). Toxicity screening of fifteen chlorinated and brominated compounds using four species of marine phytoplankton, pp. 307-310. In: Jolley, R. L., Gorchev, H. and Hamilton, D. H. (Eds). *Water Chlorination: Environmental Impacts and Health Effects, Vol. 2.* Ann Arbor Science, Ann Arbor, Michigan.

Farrel, J. and Rose, A. H. (1967). Temperature effects on micro-organisms. In: Rose, A. H. (Ed.). *Thermobiology.* Academic Press, London, New York.

Fox, J. L. and Corcoran, E. F. (1957). Thermal and osmotic counter measures against some typical marine fouling organisms.

Corrosion, **14**, 31-32.

Fox, J. L. and Moyer, M. S. (1973). Some effects of a power plant on marine microbiota. *Ches. Sci.,* **14**(1), 1-10.

Fraizier, A. and Ancellin, J. (1975). Influence de la temperature sur la contamination d'especes marines par le der-59, pp. 51-63. In: IAEA. *Combined Effects of Radioactive, Chemical and Thermal Releases into the Environment.* International Atomic Energy Agency, Vienna.

Fry, F. E. J. (1967). Responses of vertebrate poikilotherms to temperature, pp. 375-420. In: Rose, A. H. (Ed.). *Thermobiology.* Academic Press, London, New York.

Funnell, I. R. (1988). Infrared thermography in the electricity supply industry, pp. 73-103. In: Burnay, S. G., Williams, T. L. and Jones, C. H. (Eds). *Applications of Thermal Imaging.* Adam Hilger, IOP Publishing, Bristol and Philadelphia.

Gallaway, B. J. and Strawn, K. (1974). Seasonal abundance and distribution of marine fishes at a hot water discharge in Galveston bay, Texas. *Contrib. Mar. Sci.,* **18**, 71-137.

Gehrs, C. W. (1974). Vertical movement of zooplankton in response to heated water, pp. 285-290. In: Gibbons, J. W. and Sharitz, R. R. (Eds). *Thermal Ecology.* ERDA, Tech. Inf. Centre, US Atomic Energy Commission. Conf. 730505, Washington.

Gentile, J. H., Cardin, J., Johnson, M. and Sosnowski, S. (1976). *Power plants, Chlorine and Estuaries.* Environmental Research Laboratory, Office of Research and Development, US Environmental Protection Agency, Narragansett, Rhode Island, EPA-600 3-76-055.

Gerchakov, S. M. and Sallman, B. (1978). Biofouling and effects of organic compounds and micro-organisms on corrosion processes, pp. 67-72. In: Gerhold, R. M. (Ed.). Microbiology of power plant thermal effluents. Proceedings of a symposium. University of Iowa, Iowa City, Iowa.

Gibbons, J. W. and Sharitz, R. R. (Eds) (1974). *Thermal Ecology*. ERDA, Tech. Inf. Centre, US Atomic Energy Commission. Conf. 730505, Washington.

Glasstone, S. and Jordan, W. H. (1980). *Nuclear Power and Its Environmental Effects*. American Nuclear Society, Ill.

Goldman, J. C. and Quimby, H. L. (1979). Phytoplankton recovery after power plant entrainment. *J. Wat. Pollut. Contr. Fed.*, **51**(7), 1816-1823.

Gonzalez, J. C. and Yevich, P. (1976). Response of an estuarine population of the blue mussel, *Mytilus edulis* to heated water from a steam generating plant. *Mar. Biol.*, **34**, 177-189.

Goss, L. B. (Ed.) (1980). *Factors Affecting Power Plant Waste Heat Utilization*. Pergamon Press, New York.

Gosse, Ph. (1982). Predicting the impact of power plant discharges on the water quality of a river with the aid of a mathematical mode, pp. 149-164. In: Jenkins, S. H. and Schjodtzhansen, P. (Eds). *Cooling-Water Discharges from Coal-Fired Power Plants; Water Pollution Problems*. Pergamon Press, Oxford.

Hall, L. W., Helz, G. R. and Burton, D. T. (1981). *Power Plant Chlorination. A Biological and Chemical Assessment*. Electric Power Research Institute, Research Report, RP. 1312-1, Palo Alto, CA.

Hamilton, D. H., Flemer, D. A., Keefe, C. W. and Mihursky, J. A. (1970). Power plants: Effects of chlorination on estuarine primary production. *Science*, **167**(3941), 197-198.

Harvey, R. S. (1974). Temperature effects on the sorption of radionuclides by aquatic organisms, pp. 28-42. In: Gibbons, J. W. and Sharitz, R. R. (Eds). *Thermal Ecology*. ERDA, Tech. Inf.

Centre, US Atomic Energy Commission. Conf. 730505, Washington.

Hawkes, H. A. (1969). Ecological changes of applied significance from waste heat, pp. 15-53. In: Parker, F. L. and Krenkel, P. A. (Eds). *Engineering Aspects of Thermal Pollution*. Vanderbilt University Press, Portland, Oregon.

Hein, M. K. and Koppen, J. D. (1979). Effects of thermally elevated discharges on the structure and composition of estuarine periphyton diatom assemblages. *Estuar. Coastal Mar. Sci.*, **9**, 385-401.

Heinle, D. R., Millsaps, H. S., Jr and Millsaps, C. V. (1974). Zooplankton investigations at Morgantown, pp. 157-162. In: Jensen, L. D. (Ed.). Entrainment and intake screening. Proc. 2nd Entrainment and Screening Workshop, Rep. No. 15, Edison Electric Institute, New York.

Henderson, P. A., Turnpenny, A. W. H. and Bamber, R. N. (1984). Long term stability of a sand smelt (*Atherina presbyter*, Cuvier), population subject to power station cropping. *J. Appl. Ecol.*, **21**, 1-10.

Hess, C. T., Smith, C. W. and Price, A. H. (1978). Use of heated reactor effluent for culturing shellfish. *Proceedings 10th National Shellfish Sanitation Workshop*, Hunt Valley, Maryland, June 29-30, 1977, US Atomic Energy Commission, Washington, D.C.

Hirayama, K. and Hirano, R. (1970). Influence of high temperature and residual chlorine on marine phytoplankton. *Mar. Biol.*, **7**, 205-213.

Hocutt, C. H., Stauffer, J. R. Jr, Edinger, J. E., Hall, L. W. and Morgan, R. P. Ⅱ. (Eds) (1980). *Power Plants; Effects on Fish and Shellfish Behaviour*. Academic Press, New York, London.

Hofer, R., Forstner, H. and Rettenwamder, R. (1982). Duration of gut passage and its dependence on temperature and food consumption in roach, *Rutilus rutilus* L.; laboratory and field experiments. *J. Fish Biol.*, **20**, 290-299.

Houston, A. H. (1982). Thermal effects upon fishes, NRCC associate committee on scientific criteria for environmental quality. National Research Council of Canada, Publication No. 18566, Ottawa, Canada.

Hubert, W. A. (1980). Aquacultural uses of power plant waste heat, pp. 18-31. In: Goss, L. B. (Ed.). *Factors Affecting Power Plant Waste Heat Utilization*. Pergamon Press, New York.

Humphris, T. H. and Rippon, J. E. (1978). The effect of chlorine on nitrifying bacteria. CEGB Internal report, RD/L/N 164/77, Leatherhead, UK.

Hynes, H. B. N. (1960). *The Biology of Polluted Waters*. Liverpool University Press, Liverpool.

IAEA (1972). *Thermal Discharges at Nuclear Power Stations: Their Management and Environmental Impacts*. Report of a Panel Meeting, 23-27th Oct. 1982. International Atomic Energy Agency, Vienna.

IAEA (1974). *Thermal Discharges at Nuclear Power Stations: Their Management and Environmental Impacts*. International Atomic Energy Agency, Technical Report Series 155, Vienna.

IAEA (1976). *Effects of Ionizing Radiation on Aquatic Organisms and Ecosystems*. International Atomic Energy Agency, Technical Report Series 172, Vienna.

Icanberry, J. and Adams, J. R. (1974). Zooplankton survival in cooling water systems of four thermal power plants on the California coast. Interim report March 1971-Jan. 1972, pp. 13-22. In: Jensen, L. D. (Ed.). Entrainment and intake screening. Proc. 2nd Entrainment and Screening Workshop, Rep. No. 15, Edison Electric Institute, New York.

Jobling, M. (1981). Temperature tolerance and the final preferendum; rapid methods for the assessment of optimum growth temperatures. *J. Fish Biol.*, **19**, 439-455.

Jones, R. E. (1978). Heavy metals in the estuarine environment. Technical Report TR 73, April, Water Research Centre, Stevenage, UK.

Kalin, R. J. (1970). Part Ⅲ—Ecology of the microbenthos, pp. 77-85. In: Hechtel, G. J. (Ed.). Biological effects of thermal pollution. Northport. Stony Brook Technical Report, Marine Sciences Research Center, State University of New York, New York.

Khalanski, M. (1977). Influence du fonctionnement d'une centrale thermique sur la production primaire planctonique du port de Dunkerque, pp. 101-144. In: EDF. Influence des rejets thermiques sur le milieu vivant en mer et en estuaire. *Journees de la Thermo-ecologique*, Direction de l'Equipment, Electricité de France.

Khalanski, M. (1981). Structure et production du phytoplancton du port de Dunkerque incidence du fonctionnement de la centrale thermique, pp. 621-649. In: EDF. Influence des rejets thermiques sur le milieu vivant en mer et en estuaire. *Journees de la Thermo-ecologique*, Direction de l'Equipment, Electricité de France.

Kim, K. H. (1983). Assessment of the thermal impact of Kori nuclear power plant operations. Technical Report, The University of Tennessee, Knoxville.

Kim, Y. H. and Lee, J. H. (1981) Intertidal marine algal community and species composition of Wolseong area, East Coast of Korea. *Korean J. Bot.* **24**, 145-158.

Kinne, O. (1970a). General introduction, pp. 321-346. In: Kinne, O. (Ed.). *Marine Ecology, Vol. 1, Environmental Factors, Part 1,*

Wiley-Interscience, New York.

Kinne, O. (1970b). Invertebrates, pp. 407-514. In: Kinne, O. (Ed.). *Marine Ecology, Vol. 1, Environmental Factors, Part 1,* Wiley-Interscience, New York.

Klein, L. (1962). *River Pollution, Vol. 2, Causes and Effects.* Butterworths, London.

Knights, B. (1987). Agonistic behaviour and growth in the European eel, *Anguilla anguilla* L. in relation to warm-water aquaculture. *J. Fish Biol.*, **31**, 265-276.

Kolehmainen, S. E., Martin, F. D. and Schroeder, P. B. (1975). Thermal studies on tropical marine ecosystems in Puerto Rico, pp. 409-421. In: IAEA. *Environmental Effects of Cooling Systems at Nuclear Power Stations.* International Atomic Energy Agency, Vienna.

Kolehmainen, S. E., Morgan, T. and Castro, R. (1974). Mangrove root communities in a thermally altered area in Guyanilla bay, Puerto Rico, pp. 371-390. In: Gibbons, J. W. and Sharitz, R. R. (Eds). *Thermal Ecology.* ERDA, Tech. Inf. Centre, US Atomic Energy Commission. Conf. 730505, Washington.

Lackey, J. B. (1974). Entrainment studies at Turkey Point on Biscayne Bay: Have thermal effects affected the plankton of Biscayne Bay? pp. 187-191. In: Jensen, L. D. (Ed.). Entrainment and intake screening. Proc. 2nd Entrainment and Screening Workshop, Rep. No. 15, Edison Electric Institute, New York.

Langford, T. E. (1975). The emergence of insects from a British river warmed by power station cooling-water. Part 11. The emergence patterns of some species of Ephemeroptera, Trichoptera, and Megaloptera, in relation to water temperature and river flow upstream and downstream of the cooling-water outfalls. *Hydrobiologia*, **47**(1), 91-133.

Langford, T. E. (1983). *Electricity Generation and the Ecology of Natural Waters.* Liverpool University Press, Liverpool.

Langford, T. E. (1987). The effects of a thermal discharge on the growth and feeding of bass, *Dicentrarchus labrax*, in the Medway estuary, England. CEGB Internal Report, TPRD/L3126/R 87, Leatherhead, UK.

Langford, T. E. (1990). *Ecological Effects of Thermal Discharges.* Elsevier Applied Science, London and New York.

Lanza, G. R., Lauer, G. J., Ginn, T. C., Storm, P. C. and Zubarik, L. (1975). Biological effects of simulated discharge plume entrainment at Indian Point nuclear power station, Hudson River estuary, USA, pp. 95-124. In: IAEA. *Combined Effects of Radioactive, Chemical and Thermal Releases into the Environment.* International Atomic Energy Agency, Vienna.

Lauer, G. J., Waller, W. T., Bath, D. W., Meeks, W., Heffner, R., Ginn, T., Zubarik, L., Bibko, P. and Storm, P. C. (1974). Entrainment studies on Hudson River organisms, pp. 77-92. In: Jensen, L. D. (Ed.). Entrainment and intake screening. Proc. 2nd Entrainment and Screening Workshop, Rep. No. 15, Edison Electric Institute, New York.

Leitheiser, R. M., Ehrlich, K. F. and Thum, A. B. (1978). Comparison of a high-volume pump and conventional plankton nets for collecting fish larvae entrained in power plant cooling systems. *J. Fish. Res. Board Can.*, **36**, 81-84.

Lowe-McConnell, R. H. (Ed.) (1966). *Man Made Lakes.* Institute of Biology Symposia No. 15, Academic Press, London, New York.

Maitland, P. S. (1990). *Biology of Fresh Waters.* 2nd Ed., Blackie, Glasgow and London.

Malmgren-Hansen, A. and Dahl-Madsen, K. I. (1982). Modelling the consequences of cooling water discharge from the 'Vendyssel' power plant, pp. 139-158. In: IAWPR. *Proceedings of the International Conference on Coal fired Power Plants and the Aquatic Environment*, IAWPR, IUPAC, Nordforsk, Copenhagen, 16-18 August, Denmark.

Marcy, B. C. (1976). Fishes of the Lower Connecticut river and the effects of the Connecticut Yankee Plant, pp. 61-114. In: Merriman, D. and Thorpe, L. M. (Eds). The Connecticut River Ecological Study, The Impact of a Nuclear Power Plant. *Am. Fish. Soc. Monograph*, No. 1, 252 pp.

Markowski, S. (1959). The cooling water of power stations: A new factor in the environment of marine and freshwater invertebrates. *J. Anim. Ecol.*, **28**, 243-258.

Markowski, S. (1960). Observations on the response of some benthonic organisms to power station cooling water. *J. Anim. Ecol.*, **29**, 349-357.

Markowski, S. (1962). Faunistic and ecological investigations in Cavendish dock, Barrow-in-Furness. *J. Anim. Ecol.*, **31**, 43-52.

Martin, M. *et al.* (1977). Copper toxicity experiments in relation to abalone deaths observed in a power plant's cooling-waters. *Calif. Fish. Game*, **63**(2), 95-100.

Mattice, J. S. (1985). Chlorination of power plant cooling waters, pp. 39-62. In: Jolley, R. L., Bull, R. J., Davies, W. P., Katz, S., Roberts, M. H. and Jacobs, V. A. (Eds). *Water Chlorination: Chemistry, Environmental Impacts and Health Effects, Vol. 5.* Lewis Publishers, Chelsea, Michigan.

McKelvey, K. K. and Brooke, M. (1959). *The Industrial Cooling Tower*, Elsevier, Amsterdam, London.

Meldrim, J. W. and Fava, J. A. (1977). Behavioural avoidance of estuarine fishes to chlorine, *Ches. Sci.*, **18**, 154-157.

Middaugh, D. P., Couch, J. A. and Crane, A. M. (1977). Response of early life history stages of the striped bass, *Morone saxatilis*, to chlorination. *Ches. Sci.*, **18**, 141-153.

Miller, D. S. and Brighouse, B. A. (1984). Thermal Discharges—A guide to power and process plant cooling-water discharges into rivers, lakes and seas. British Hydromechanics Research Association, London.

Moller, H. (1978). Ecological effects of cooling water of a power plant at Kiel Fjord. *Sonderdruck aus*, **26**(1977/8), H3-4, 117-130.

Moodie, G. E. E. (1985). Gill raker variation and the feeding niche of some temperate and tropical freshwater fishes. *Environ. Biol. Fish.*, **13**(1), 71-76.

Moore, C. J., Fuller, S. L. H. and Burton, D. T. (1975). A comparison of food habits of white perch (*Morone americana*) in the heated effluent canal of a steam electric station and in an adjacent river system. *Environ. Lett.*, **8**(4), 315-323.

Morgan, R. P., Ⅱ (1980). Biocides and fish behaviour, pp. 75-102. In: Hocutt, C. H., Stauffer, J. R. Jr, Edinger, J. E., Hall, L. W. and Morgan, R. P. Ⅱ. (Eds). *Power Plants; Effects on Fish and Shellfish Behaviour.* Academic Press, New York, London.

Nawrocki, S. S. (1977). A study of fish abundance in Niantic Bay, with particular reference to the Millstone point nuclear power plant. M.S. Thesis, University of Connecticut, Storrs, 210 pp.

Naylor, E. (1959). The fauna of a warm dock. *Proc. XVth Int. Congr. Zool.*, Sect. 3, pp. 259-262.

Naylor, E. (1965). Biological effects of heated effluent in docks at Swansea, S. Wales. *Proc. Zool. Lond.*, **144**(2), 253-268.

Neuman, E. (1982). Thermal discharges and fish fauna in Sweden, pp. 67-88. In: Jenkins, S. H. and Schjodtzhansen, P. (Eds). *Cooling-Water Discharges from Coal-Fired Power Plants; Water Pollution Problems.* Pergamon Press, Oxford.

Ney, J. J. and Schumacher, P. D. (1978). Assessment of damage to fish larvae by entrainment sampling with submersible pumps. *Environ. Sci. Technol.*, **12**(6), 715-716.

North, W. J. (1969). Biological effects of heated water discharge at Morro Bay, California. *Proc. Int. Seaweed Symp.*, 6.

Nyman, L. (1975). Behaviour of fish influenced by hotwater effluents as observed by ultrasonic tracking. *Rep. Inst. Freshw. Res. (Swed.)*, **54**, 63-75.

Oh, Y. S., Lee, I. K. and Boo, S. M. (1990). An annotated account of Korean economic seaweeds for food, medical and industrial uses. *Korean J. Phycol.*, **5**, 57-71.

Palmegiano, G. and Saroglia, M. G. (1981). Winter shrimp culture in thermal effluents, pp. 297-302. In: Tiews, K., (Ed.). *Aquaculture in Heated Effluents and Circulation Systems, Vol. 11. Proceedings of a World Symposium, Stavanger*, 1980, Heenemann, Berlin.

Patel, B., Balani, M. C., Patel, S., Panday, V. K. and Soman, S. D. (1975). Impact of thermal and radioactive effluents on a tropical nearshore system, pp. 17-33. In: IAEA. *Combined Effects of Radioactive, Chemical and Thermal Releases into the Environment*. International Atomic Energy Agency, Vienna.

Patrick, R. (1969). Some effects of temperature on freshwater algae, pp. 161-185. In: Krenkel, P. A. and Parker, F. L. (Eds). *Biological Aspects of Thermal Pollution*. Vanderbilt University Press, Portland, Oregon.

Patrick, R. (1974). Effects of abnormal temperatures on algal communities, pp. 335-349. In: Gibbons, J. W. and Sharitz, R. R. (Eds). *Thermal Ecology*. ERDA, Tech. Inf. Centre, US Atomic Energy Commission. Conf. 730505, Washington.

Peck, B. B. and Warren, R. S. (1978). Nitrate reductase activity and primary productivity of phytoplankton entrained through a nuclear power station on north-eastern Long Island sound, pp. 392-409. In: Thorp, J. H. and Gibbons, J. W. (Eds). *Energy and Environmental Stress in Aquatic Systems.* Technical Information Centre, US Department of Energy.

Poje, G. V., Riordan, S. A. and O'Connor, J. M. (1983). Power plant chlorination; Immediate and persistent effects of sub-lethal concentrations on an estuarine crustacean, pp. 1039-1052. In: Jolley, R. L., Brungs, W. A., Cotruvo, J. A., Cumming, R. B., Mattice, J. S. and Jacobs, V. A. (Eds). *Water Chlorination; Environment, Health and Risk, Vol. 4, Book 2.* Ann Arbor Science, The Butterworth Group, Ann Arbor, Michigan.

Raymont, J. E. G. and Carrie, B. G. A. (1964). The production of zooplankton in Southampton Water. *Int. Revue ges. Hydrobiologie*, **49**(2), 185-232.

Ricker, W. E. (1975). Computation and interpretation of biological statistics of fish populations. *Bull. Fish. Res. Board Can.*, 191.

Rippon, J. E. and Wood, M. J. (1970). The association of bacterial growth with stress-corrosion cracking. CEGB Internal Report, RD/L/N 122/70, Leatherhead, UK.

Romeril, M. G. (1972). Trace metals in the common cockle, *Cerastoderma edule.* CEGB Internal Report, RD/L/N 179/72, Leatherhead, UK.

Roosenburg, W. J. (1969). Greening and copper accumulation in the American Oyster, *Crassostrea virginica*, in the vicinity of a steam electric generating station. *Ches. Sci.*, **10**, 241-252.

Rosenweig, W. D., Minnigh, H. A. and Pipes, W. O. (1983). Chlorine demand and inactivation of fungal propagules. *Appl. Environ. Microbiol.*, **45**(1), 182-186.

Ross, F. F. (1954). Changes in the dissolved oxygen content of river water used for direct cooling. British Electricity Authority,

Sub-committee No. 8, (Effluents Testing), London, 12 pp.

Saenger, P., Stephenson, W. and Moverley, J. (1982). Macrobenthos of the cooling water discharge canal of the Gladstone power station, Queensland. *Austr. J. Mar. Freshw. Res.*, **33**, 1083-1095.

Salo, E. O. and Leet, W. L. (1968). The concentration of zinc-65 by oysters maintained in the discharge canal of a nuclear power plant. *Proc. Second Symposium on Radioecology*, University of Michigan. Ann Arbor, Michigan.

Sandstrom, O. (1985). Recipient Monitoring at Forsmark Nuclear Power Station. Environmental Quality Laboratory, SNV 1915, National Swedish Environmental Protection Board, Solna, Sweden.

Schubel, J. R., Coutant, C. C. and Woodhead, P. N. J. (1978). Thermal effects of entrainment, pp. 19-94. In: Schubel, J. R. and Marcy, B. C. (Eds). *Power Plant Entrainment. A Biological Assessment.* Academic Press, London, New York.

Schubel, J. R. and Marcy, B. C. (Eds) (1978). *Power Plant Entrainment. A Biological Assessment.* Academic Press, London, New York.

Scott, G. I. (1983). Physiological effects of chlorine produced oxidants, dechlorinated effluents and trihalomethanes on marine invertebrates, pp. 827-842. In: Jolley, R. L., Brungs, W. A., Cotruvo, J. A., Cumming, R. B., Mattice, J. S. and Jacobs, V. A. (Eds). *Water Chlorination; Environment, Health and Risk, Vol. 4, Book 2.* Ann Arbor Science, The Butterworth Group, Ann Arbor, Michigan.

Seegert, G. L. and Brooks, A. S. (1978). Dechlorination of water for fish culture: Comparison of the activated carbon, sulfite reduction, and photochemical methods. *J. Fish. Res. Board Can.*, **35**, 88-92.

Shapiro, M. A., Kard, M. H., Keleti, G., Sykora, J. L. and Martinez, A. J. (1980). The role of free-living amoebae occurring in heated effluents as causative agents of human disease, pp. 135-149. In: Jenkins, S. H. and Schjodtzhansen, P. (Eds). *Cooling-Water Discharges from Coal-Fired Power Plants; Water Pollution Problems.* Pergamon Press, Oxford.

Spencer, J. F. (1982). A preliminary study of residual and organo-chlorine levels at Kingsnorth power station. CEGB Internal Report, TPRD/1/2313, No. 82, Leatherhead, UK.

Stasko, A. B. and Pincock, D. G. (1977). Review of underwater telemetry, with emphasis on ultrasonic techniques. *J. Fish. Res. Board Can.,* **34**, 1261-1285.

Stauffer, J. R. (1980). Influence of temperature on fish behaviour, pp. 103-142. In: Hocutt, C. H., Stauffer, J. R. Jr, Edinger, J. E., Hall, L. W. and Morgan, R. P. II. (Eds). *Power Plants; Effects on Fish and Shellfish Behaviour.* Academic Press, New York, London.

Stevens, D. E. and Finlayson, B. J. (1978). Mortality of young striped bass entrained at two power plants in the Sacramento-San Joaquim delta, California, pp. 57-70. In: Jensen, L. D. (Ed.). Fourth National Workshop on Entrainment and Impingement. E.A. Communications, Ecological Analysts, New York.

Stiles, C. D. and Blake, N. J. (1976). Seasonal distribution of a podocopid ostracod in a thermally altered area of Tampa Bay, Florida, pp. 227-234. In: Esch, G. W. and McFarlane, R. W. (Eds). *Thermal Ecology, II.* Technical Information Centre, Energy Research and Development Administraion, ERDA Symposium Series (Conf. 750425), Springfield, Va.

Stoch, J. M. and Strachan, A. R. (1977). Heat as a marine fouling control process at coastal electric generating stations, pp. 55-62. In: Jensen, L. D. (Ed.). *Biofouling Control Procedures: Technology and Ecological Effects. Pollution Engineering and*

Technology, 5. Marcel Dekker, New York, Basel.

Straughan, D. (1980). Impact of Southern California Edison's operations on intertidal solid substrates in King Harbor. Report No. 80-RD-95. Institute for Marine and Coastal Studies, University of Southern California, Los Angeles.

Straughan, D. and Straughan, I. R. (1972). Marine biological survey of intertidal and shallow sub-tidal reef and sandy areas at HECO plant, Kahe, Hawaii, A report to URS, San Mateo for H.E.C.O. Institute for Marine and Coastal Studies, University of Southern California, Los Angeles.

Sylvester, J. R. (1972). Effect of thermal stress on predator avoidance in sockeye salmon. *J. Fish. Res. Board Can.*, **29**, 601-603.

Talmage, S. S. and Opresko, D. M. (1981). Literature review: responses of fish to thermal discharges. Electric Power Research Institute, E. A.—1840, Palo Alto, CA.

Thorhaug, A. (1974). Effect of thermal effluents on the marine biology of southeastern Florida, pp. 518-531. In: Gibbons, J. W. and Sharitz, R. R. (Eds). *Thermal Ecology*. ERDA, Tech. Inf. Centre, US Atomic Energy Commission. Conf. 730505, Washington.

Thorhaug, A. (1979). Biological effects of power plant thermal effluents in Card Sound, Florida. *Environ. Conservat.*, **6**(2), 127-137.

Thorhaug, A. (1980). Biological effects of thermal effluents in the marine environment: tropics and sub-tropics with a guideline (February).

Thorhaug, A., Blake, N. and Schroeder, P. B. (1978). The effect of heated effluents from power plants on seagrass (*Thalassia*) communities, quantitatively comparing estuaries in the subtropics to the tropics. *Aquaculture*, **9**, 181-187.

Thurston, R. V., Russo, R. C., Fetterholf, C. M., Jr, Edsall, T. A. and Barber, Y. M., Jr (Eds) (1979). *A Review of the EPA Red Book:*

Quality Criteria for Water. Water Quality Section, American Fisheries Society, Bethesda. MD. 313 pp.

Tison, D. L. and Kelly, M. T. (1984). *Vibrio* species of medical importance. *Digan. Microbiol. Infect. Dis.* **2**, 263-276.

Trembley, F. J. (1960). Research projects on effects of condenser discharge water on aquatic life, Progress Report, 1956-59. Institute of Research, Lehigh University, Bethlehem, PA.

Turner, A. and Chu, A. (1983). Chlorine toxicity as a function of environmental variables and species tolerance, pp. 927-946. In: Jolley, R. L., Brungs, W. A., Cotruvo, J. A., Cumming, R. B., Mattice, J. S. and Jacobs, V. A. (Eds). *Water Chlorination; Environment, Health and Risk, Vol. 4, Book 2.* Ann Arbor Science, The Butterworth Group, Ann Arbor, Michigan.

Turnpenny, A. W. H. (1981). An analysis of mesh sizes required for screening fishes at water intakes. *Estuaries,* **4**(4), 363-368.

USAEC (1971). *Thermal Effects and US Nuclear Power Stations.* USAEC Division of Reactor Development and Technology, Washington, D.C.

Vadas, R. L., Keser, M. and Rusanowski, P. C. (1976). Influence of thermal loading on the ecology of intertidal algae, pp. 202-212. In: Esch, G. W. and McFarlane, R. W. (Eds). *Thermal Ecology, II.* Technical Information Centre, Energy Research and Development Administration, ERDA Symposium Series (Conf. 750425), Springfield, Va.

Vanderhorst, J. R., Bridge, J. R. and Fellingham, G. W. (1983). Long-range chlorination in open microcosms, interpretations, pp. 797-810. In: Jolley, R. L., Brungs, W. A., Cotruvo, J. A., Cumming, R. B., Mattice, J. S. and Jacobs, V. A. (Eds). *Water Chlorination; Environment, Health and Risk, Vol. 4, Book 2.* Ann Arbor Science, The Butterworth Group, Ann Arbor, Michigan.

Van Weers, A. W. (1975). The effect of temperature on the uptake and retention of Co and Zn by the common shrimp *Crangon crangon* (L), pp. 35-47. In: IAEA. *Combined Effects of Radioactive, Chemical and Thermal Releases into the Environment.* International Atomic Energy Agency, Vienna.

Vesey, G. and Langford, T. E. (1985). The biology of the black goby, *Gobius niger*, in the English south-coast bay. *J. Fish Biol.*, **27**, 417-429.

White, G. C. (1972). *Handbook of Chorination.* van Nostrand Reinhold, New York, Cincinnati, Toronto, London, Melbourne.

Whitehouse, J. W., Khalanski, M., Saroglia, M. G. and Jenner, H. A. (1984). The control of biofouling in marine and estuarine power stations. CEGB/EDF/ENEL/KEMA, Leatherhead, UK.

Young, J. S. and Frame, A. B. (1976). Some effects of a power plant effluent on estuarine epibenthic organisms. *Int. Rev. ges. Hydrobiologie*, **61**(1), 37-61.

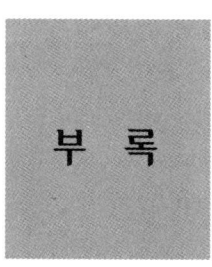

관련 인터넷 사이트(기관명 및 인터넷 주소)

국 내

과학기술부 : www.most.go.kr

산업자원부 : www.mocie.go.kr

서울대학교 기초전력공학공동연구소 : eesri.snu.ac.kr

에너지경제연구원 : www.keei.re.kr

연구개발정보센터 : www.kordic.re.kr

한국과학문화재단 : www.ksf.or.kr

한국에너지기술연구소 : www.kier.re.kr

한국원자력문화재단 : www.okaea.or.kr

한국원자력안전기술원 : www.kins.re.kr

한국원자력연구소 : www.kaeri.re.kr

한국원자력학회 : www.kaeri.re.kr/kns

한국전기연구소 : www.keri.re.kr
한국전력공사 : www.kepco.co.kr
한국전력공사 전력연구원 : www.kepri.re.kr
한국전력기술(주) : www.kopec.co.kr
한국해양연구소 : www.kordi.re.kr
환경부 : www.me.go.kr

외 국

American Nuclear Society (미국 원자력학회) : www.ans.org
Central Research Institute of the Electric Power Industry
　　　(일본전력중앙연구소) : criepi.denken.or.jp
Department of Energy (미국 에너지성) : www.doe.gov
Electric Power Research Institute (미국 전력연구원) : www.epri.com
Energy Information Administration : www.eia.doe.gov
General Electric : www.ge.com
International Atomic Energy Agency (국제원자력기구) : www.iaea.or.at
Japan Atomic Energy Research Institute (일본 원자력연구소) :
　　　www.jaeri.go.jp
Kansai Electric Power Company (일본 관서전력) : www.kepco.co.jp
National Ocean and Atmospheric Administration (미국 해양대기국) :
　　　www.noaa.gov
Nuclear Information World Wide Web Server : nuke.handheld.com
Nuclear Regulatory Commission (미국 원자력규제위원회) : www.nrc.gov
OECD Nuclear Energy Agency : www.nea.fr
Savannah River Ecology Laboratory : www.uga.edu/~srel
Tokyo Electric Power Company (일본 동경전력) : www.tepco.co.jp
United Kingdom Atomic Energy Authority : www.ukaea.org.uk
United Kingdom National Power PLC : www.national-power.com
United Kingdom Nirex Limited : www.nirex.co.uk

찾 아 보 기
- 한 글 -

찾 아 보 기
- 영 문 -

thermophilic fungi   122
Thiobacillus concretivorus   119
Thiobacillus thioxidans   119
thiosulfate   206
Three Mile Island(TMI)   28
threshold value   105
tidal current   40, 50
tidal power   24
tide pool   181
tolerance   80
tolerance zone   87
Torula   122
total residual chlorine(TRC)   74, 104,
  131, 169
total residual oxidants(TRO)   74, 102
tow net   129
toxic algae   136
toxic effect   106
transect   178
trawl   182
Trichoderma   122
tubercle   119
tuna   93
Tunicata   174
turbulence   37, 58, 170

U

ultimate lower incipient lethal
  temperature (ULILT)   88, 90, 94
ultimate upper incipient lethal
  temperature (UUILT)   87, 88,
  90, 94

ultrasonic transmitter   188
Ulvaceae   154
Undaria pinnatifida   143
upper incipient lethal temperature
  (UILT)   87
Urosalpinx cinerea   99

V

ventilation   92
viability   128
Vibrio cholerae   119
Vibrio vulnificus   120
viscoelastic layer   117
vital staining   165

W

warm stenotherms   82, 125
warm tolerant species   153
waste heat   17, 26
water column   49
wave power   24
wet cooling tower   34
winter kill   184

Y

yeast   122

Z

zonation   142
zooplankton   163
zoospore   145

발전소 온배수와 해양생태계

지은이 김 영 환
펴낸이 손 영 일

찍은날 2000년 6월 5일
펴낸날 2000년 6월 10일

펴낸곳 전파과학사
        서울시 서대문구 연희2동 92-18
등 록 1956. 7. 23 / 제10-89호
전 화 333-8877, 8855
팩 스 334-8092
이메일 chonpaks @ chollian. net

잘못된 책은 바꾸어드립니다.

ISBN 89-7044-215-4 03500